普通高等学校"十四五"规划艺术设计类专业案例式系列教材

校企双元合作开发"互联网＋教育"新形态一体化系列教材

# 庭院景观设计与施工


主　编　丁　怡　李　夺　陶良如

副主编　宋广莹　徐洪武　鲁富宽　骆佳仪　罗　敏

華中科技大學出版社

http://press.hust.edu.cn

中国·武汉

# 内容简介

本书主要围绕庭院景观设计与施工流程中的重点环节，以理论加案例解析的方式进行详细阐述，注重实际操作性。其中，案例遵循世界技能大赛园艺项目设计规范，选用的作品均为近几年相关赛事优秀作品。本书通过具体案例对砌筑工程、铺装工程、木作工程、水景工程、植物工程进行详细解析。

本书对职业院校园林园艺专业的实践教学具有较强的指导性，可以使学生在较短的时间内掌握庭院景观设计与施工要点。

图书在版编目 (CIP) 数据

庭院景观设计与施工 / 丁怡，李夺，陶良如主编 . —武汉 : 华中科技大学出版社 , 2024.2

ISBN 978-7-5772-0419-2

Ⅰ . ①庭…　Ⅱ . ①丁…　②李…　③陶…　Ⅲ . ①庭院 - 景观设计　②庭院 - 景观 - 工程施工　Ⅳ . ① TU986

中国国家版本馆CIP数据核字(2024)第054417号

庭院景观设计与施工

Tingyuan Jingguan Sheji yu Shigong

丁怡　李夺　陶良如　主编

策划编辑：金　紫

责任编辑：郭雨晨

封面设计：原色设计

责任校对：刘　竣

责任监印：朱　玢

出版发行：华中科技大学出版社（中国・武汉）　电话：（027）81321913

武汉市东湖新技术开发区华工科技园　邮编：430223

录　　排：华中科技大学惠友文印中心

印　　刷：湖北新华印务有限公司

开　　本：889mm×1194mm　1/16

印　　张：7.75

字　　数：165 千字

版　　次：2024 年 2 月第 1 版第 1 次印刷

定　　价：49.80 元

# 前言

Preface



随着社会的进步和经济的快速增长，风景园林已经成为国家建设与发展不可或缺的重要行业，在城市生态环境建设、人居环境建设方面承担着重要的职责。风景园林行业也有了多种建设内涵。

2019 年，习近平总书记指出：“坚持以人民为中心，聚焦人民群众的需求，合理安排生产、生活、生态空间，走内涵式、集约型、绿色化的高质量发展路子，努力创造宜业、宜居、宜乐、宜游的良好环境，让人民有更多获得感，为人民创造更加幸福的美好生活。”这一重要论述深刻揭示出新时代我国城市建设的宗旨、主体、重心和目标，阐明了我国城市建设和人居环境建设的方向。

中华文明源自古老的农耕文明。人类定居后开始建造自己的固定居所。庭院在居住环境内扮演着重要角色，除基本的物理功能外，还体现了主人的格调、情趣、价值观甚至志向。随着经济的发展和生活水平的不断提高，人们对居住环境的要求逐渐增加。作为微生态景观，庭院景观因其场地小、与生活联系紧密、实用功能强等区别于公共景观。

本书对历届“园林国手杯”景观设计大赛获奖作品进行了解析。这些作品涉及砌筑工程、铺装工程、木作工程、水景工程、植物工程等，具有层次感和生动性。作品在展现宜居性的同时，充分注重地域性、特色性和私密性的表达；在概念设计的基础上，加强对施工难度、工程量和项目可实施性的考量，具有较强的操作性、观赏性、科学性。作品蕴含了各种奇思妙想，妙趣横生，充分展示了设计师的个性和生活态度。本书图文并茂，清晰易懂，并配有专家的独到点评，使读者能够深入了解庭院文化内涵，以及设计与施工的操作要点。

本书作为高等院校环境艺术设计专业及相关园林类专业图书，能较好地丰富国内园林景观设计与施工竞赛中选手的训练题库，从而使选手掌握不同类型景观的设计与施工方法。同时，本书还可供相关从业人员、庭院设计爱好者阅读参考，是培养复合型高技能人才的教辅图书。

本书由内蒙古商贸职业学院丁怡担任第一主编，北京绿京华生态园林股份有限公司李夺担任第二主编，河南农业职业学院陶良如担任第三主编，内蒙古商贸职业学院宋广莹、池州职业技术学院徐洪武、内蒙古农业大学职业技术学院鲁富宽、江西生物科技职业学院骆佳仪、赣州职业技术学院罗敏担任副主编。其中，第一章、第四章由丁怡编写，第二章、第三章由陶良如编写，“园林国手杯”景观设计大赛作品由李夺提供。

**编　者**

# 目录

Contents


**第一章　庭院景观设计基础 /1**

第一节　庭院的定义、特点和类型 /1

第二节　庭院景观设计原则 /4

第三节　庭院景观手绘技巧 /5

第四节　庭院景观设计工具 /6

第五节　庭院景观设计流程 /6

第六节　庭院景观设计成果 /8

**第二章　庭院景观施工基础 /9**

第一节　砌筑工程施工基础 /9

第二节　铺装工程施工基础 /17

第三节　木作工程施工基础 /25

第四节　水景、置石工程施工基础 /32

第五节　植物造景施工基础及养护工程 /35

第六节　水电安装工程施工基础 /45

**第三章　历届“园林国手杯”景观设计大赛金奖作品解析 /47**

第一节　《寓苑》解析 /47

第二节　《青未了·归岚》解析 /53

第三节　《齐风鲁艺，鸢都园地》解析 /59

第四节　《齐鲁青未了》解析 /62

第五节　《齐私享·园》解析 /66

第六节　《锦绣丝路》解析 /69

第七节　《沁锦园》解析 /73

第八节　《海棠春色》解析 /75

第九节　《海丝之路，粤海扬帆》解析 /77

第十节　《长歌·盛园》解析 /80

第十一节　《境·也思》解析 /83

第十二节　《青春主旋律》解析 /85

第十三节　《花重锦城》解析 /88

第十四节　《璞园》解析 /92

**第四章　历届“园林国手杯”景观设计大赛优秀作品解析 /93**

第一节　《吾竹草堂》解析 /93

第二节　《印园》解析 /94

第三节　《“W”花园》解析 /96

第四节　《水光鲁韵，七米方塘》解析 /99

第五节　《芳香花园》解析 /100

第六节　《阅庐小筑》解析 /102

第七节　《寻一方庭院，守一束繁花》解析 /105

第八节　《秋日私语》解析 /107

第九节　《时光秘影》解析 /109

第十节　《白云深处》解析 /114

# 第一章 庭院景观设计基础



## 第一节　庭院的定义、特点和类型

### 一、庭院的定义

庭院是指建筑、亭廊、院墙（或栅栏、绿篱等）围合或半围合所形成的露天空间，包括天井、建筑周围的场地空间等。近几年，庭院也逐渐包括阳台花园、屋顶花园。

### 二、庭院的特点

庭院是室内空间的延伸，既与室外空间相连，又对室内空间有补充和调节作用，是日常休闲活动的理想场所。人们既可在庭院中聊天、散步、娱乐，又可呼吸新鲜空气，享受明媚的阳光，欣赏自然的景致等。庭院具有以下特点。

1. 安全性

庭院的安全性涉及庭院的内部因素、外部因素。内部因素包括水池、电路、小品、植物、道路等；外部因素包括外来人员、动物、噪声、光影、粉尘等。

2. 私密性

庭院空间是一个外部封闭而中心开敞的私密空间，有着强烈的场所感。人们在此可以自由、随意，不用担心被打扰。

3. 景观性

庭院景观优美，改善了居住环境，是住宅不可分割的组成部分。

### 三、庭院的类型

庭院按不同的属性有不同的划分方法。庭院按风格可分为中式庭院、日式庭院、美式庭院、德式庭院、意式庭院、法式庭院等；按使用者可分为私家庭院、单位庭院、公共庭院；按样式可分为自然式庭院、规则式庭院、混合式庭院等；按所处环境和功能可分为住宅庭院、办公庭院、商业性庭院、公益性庭院。

从某种角度来说，庭院的设计是一个窗口，人们从这里能看到不同的文化。下面将从风格方面，对常见的庭院类型进行讲解。

1. 中式庭院

中式庭院会在庭院设计中融入中国传统文化元素，以体现中国传统建筑艺术、园林艺术和审美情趣。中式庭院注重人与自然的和谐共生，追求宁静、雅致、诗意的空间氛围，体现了天人合一等哲学思想。因此，中国传统的庭院规划深受哲学和绘画的影响。最具代表性的中式庭院是明清两代的江南私家园林。江南私家园林由建筑、山水、花木合理组合，营造一种“虽由人作，宛自天开”的意境，必备元素有假山、流水、翠竹。中式庭院见图 1-1。

图 1-1　中式庭院

2. 日式庭院

日式庭院是一种源于日本传统园林艺术的空间，受到了禅宗思想和自然景观的影响。日式庭院强调简练、细节、禅宗意境，以及人与自然的和谐共生。将大海与日本禅宗的空灵、清远结合，能造就不同的景观，形成静穆、深邃、幽远的枯山水。一片白砂，绿苔在青石上，白墙上竹影婆娑。这是亦自然亦人工的境界，通过提炼的手段表达自然。日式庭院见图 1-2。

图 1-2　日式庭院

3. 美式庭院

美式庭院源于美国的文化和审美观念，以整齐大气、自然温馨为主要特点。美式庭院的设计注重简约、实用和自然，追求自由、奔放的生活态度。草坪、植物、路径、车道、户外家具、 泳池和户外休闲设施等是美式庭院的主要构成元素。美式庭院见图 1–3。

图 1–3 美式庭院



4. 德式庭院

德式庭院深受德国文化和传统的影响，以简洁、实用、精致、和谐为特点（图 1–4）。德式庭院注重空间布局的层次感和通透性，以及功能与美学的完美结合。德式建筑风格简洁、现代、大气，注重细节和品质，与庭院景观相得益彰。庭院植物配置丰富多样，注重季节变化，修剪整齐；家具以实用和舒适为主，设计简约，与庭院风格和谐统一；照明系统强调明亮、温馨的感觉，凸显庭院景观；铺装注重实用性和美观性，与建筑、景观完美融合。此外，德式庭院还注重环保和可持续发展，多采用绿色材料和绿色技术。

图 1–4 德式庭院

5. 意式庭院

意式庭院继承了古罗马的园林特点。植物采用黄杨或柏树，多用常绿树而少用鲜花。意式庭院对水的处理极为重视，借地形修建渠道，在高处汇聚水源，形成各种喷泉。意式庭院还有雕刻精致的石栏杆，以及以古典神话为题材的大理石雕像。意式庭院见图1–5。

图 1–5　意式庭院



6. 法式庭院

法式庭院深受法国文化和审美观念的影响，以浪漫、优雅、奢华和精致而闻名。法式庭院强调对称和规整的布局。建筑华丽、典雅，与植物配置、庭院家具、照明系统、水景、铺装及装饰元素完美融合。法式庭院注重细节和装饰，常选用丰富多样的植物、奢华舒适的家具、柔和浪漫的照明等。法式庭院见图 1–6。

图 1–6　法式庭院

## 第二节　庭院景观设计原则

庭院景观设计是在住宅周边的空地上，或已有庭院景观的基础上，新建或改造庭院景观的各种要素，使庭院既能满足家庭成员日常活动的需求（实用性），又能满足景观欣赏的需求（艺术性），同时还应有良好的庭院小气候环境（生态性），增加房产价值（经济性）。

## 第三节 庭院景观手绘技巧

手绘是景观设计师（国外称景观建筑师）的语言和交流工具。手绘表现是一项创造性的精神活动。景观设计师只有经过努力和实践，具备对空间的深刻感悟，才能画出生动、准确的画面。

景观设计师要培养手、眼、心相结合的造型能力。景观设计师不仅要掌握手绘的基本规律和技巧，还要将透视学的理论与设计空间尺度相结合，进而确保设计的合理性。加强速写训练是培养良好的空间概念和提高形态捕捉能力的绝佳途径。要想画出一幅漂亮的景观手绘图纸，需要在以下几个方面不断地练习。



### 1. 线条的基本训练

手绘表现是景观设计师必备的一项专业技能，景观设计师必须通过大量的线条训练才能熟练掌握。线条是手绘表现的生命和灵感，要用线条的力度与虚实表现物体的造型、空间的尺度与层次关系。

（1）直线练习应由慢到快，由规整到随意。试着用不同的笔尖进行练习，之后再练习弧线、交叉线等更复杂的线条。

（2）要表现的对象有丰富的色阶。我们往往要将对象加以概括、简化。最亮处可以空白，最暗处可以用纯黑色。明暗色调的区分调整有两种基本方法：调整线条间距和增加粗细变化。在线与线之间加线，可使色调更深一层，更匀称。加粗原有线条会使结构更突出，虚实、层次分明。

（3）用线表现明暗时，间距和轻重缓急是不同的。在表现庭院景深时，还要注意透视变化（大气阻隔产生的色调区别）。线条要遵循向灭点处渐远渐小的透视关系。

（4）绘制景观手绘图纸时，所要表现的质感种类是丰富的，表现的手法因材而异。要多写生、多临摹，经过磨炼才能灵活掌握各种技法。

### 2. 临摹名家作品

想要在短时间内提高手绘表现水平，最有效的方法就是先临摹，再过渡到写生。

### 3. 重塑照片

景观设计师通过手中的笔，将照片有侧重地改成钢笔画或线条画，赋予场景新的理解。这种方法可以培养和提高景观设计师对整体的把握能力，对画面的布局控制能力以及肉眼对尺度的衡量水平。在学习阶段，这种积累过程必不可少。一张具有良好表现力的景观手绘图纸，除了必须清晰、准确地传达设计理念及意图，还应该表现该场景所营造的氛围与意境。

4. 观悟生长规律

自然界的物种繁多，形象特征各异。在绘制景观手绘图纸时，各物种都可能是表现和创作的重要题材。因此，景观设计师必须做生活中的有心人，遵循物种生长规律，细心观察，用心琢磨，才能画出灵动的景观手绘图纸。

5. 主题性创作

当表现主题选定时，应当有较多的时间对主题进行创作发挥，参考各类资料进行选择、切割、分解、组合，进行个人创作。这一步很重要，也是最难的一步。必须善于思考，巧妙地组合，绘制出造形美、构图美、完整的画面。



## 第四节　庭院景观设计工具

1.AutoCAD

AutoCAD 是一款计算机辅助设计软件，也是景观设计师最重要的一个工具，是从事这个行业的必备软件。AutoCAD 的功能很强大，既可用于绘制平面图，也可用于制作 3D 模型。我们在学习的时候应该养成良好的作图习惯，并熟练掌握常用快捷键。

2.SketchUp

在庭院景观效果表现过程中，SketchUp 是重要的工具。SketchUp 操作简单，在构建地形高差等方面可以生成直观的效果。运用 SketchUp 的建模、材质、组件等命令，可以快速、有效地实现方案的直观化显示。SketchUp 的界面简洁，较易上手，便于推敲方案、更改模型。

另外，SketchUp 有大量的插件，可以弥补自身的不足。学习 SketchUp 要注意培养好的建模习惯。运用快捷键和建模技巧可以很好地提高我们的建模速度。

3.Photoshop

在庭院景观设计方面，我们可以用 Photoshop 对图片进行后期处理。

4.Lumion

Lumion 是一个实时的 3D 可视化工具，用来制作电影和静帧作品，涉及的领域包括建筑设计、景观设计等。它也可以用于现场演示。

## 第五节　庭院景观设计流程

1. 场地分析

庭院景观设计要考虑科学性和艺术性。若把植物杂乱无章地种植在庭院内，就达不到美化环境的效果。所以要先考虑庭院面积，根据庭院面积规划布局，才可能营造自己所需要的环境。

若庭院面积有限，则应制订周密的配置计划，所栽的植物种类应少一些，且不适宜种植过多高大、粗壮的花木，以免遮住视线，给自己的活动带来不便。

若庭院面积较大，则可选的风格较多。庭院面积越大，可选的植物种类越多，植物组织和培养的方式也可复杂一些，但在种植时必须顾及整体的一致性。若庭院阳光较好，空气流通，湿度不大，可以栽种一些喜光的植物，如石榴、牡丹、月季花、梅等，也可以在离门窗近的地方砌一个花槽。花槽长 2 ～ 3 m，宽 0.5 ～ 1 m，可在其中栽植一些球根植物、宿根性的草本植物，如美人蕉、鸢尾、碧冬茄、萱草、金盏花、三色堇等，形成花境。庭院中间或一旁可再造花架，种上攀缘葡萄、紫藤、凌霄等。还可挖一小池，置以卵石，养几尾金鱼。



2. 需求分析

（1）使用者的基本情况。

使用者的基本情况包括家庭成员的年龄、性别、业余爱好；使用者在庭院内休闲活动的时间、方式、人数；使用者为永久居住还是过渡居住；使用者是否有宠物等。

（2）使用者的喜好。

使用者的喜好包括使用者是否需要草地、水景、平台（木质、石质）、假山、雕塑、亭廊、照明设施、植物、道路、游泳池、健身设施、户外家具（桌椅、沙发、长凳、躺椅等）、宠物间、储藏间、工具间、车库等；使用者对植物、材料、铺装、色彩的偏好；庭院使用方式（如娱乐、餐饮、日光浴、运动等）；庭院围合方式（围墙、木栅栏、植物）等。

（3）使用者的活动空间。

使用者的活动空间包括草地运动空间（如瑜伽、足球、排球、羽毛球、网球等运动所需的空间）、儿童活动空间（如沙坑、秋千、滑梯等儿童娱乐设施所需的空间）、园艺空间（菜地、花圃、苗圃、温室等）、综合服务空间（如晾衣物、宠物玩耍、餐饮等所需的空间）等。

调查了解以上内容，并根据庭院的面积进行内容的取舍，有利于景观设计的推进。

3. 功能分区

在进行场地分析、需求分析后，可结合庭院现状进行功能分区。可以使用泡泡图、饼状图、用地分区图等，结合初步的人流动线，确定各分区的大致尺寸和形状，绘制几种不同的组合方式，以确定最佳的方案。 庭院一般可分为公共区、私人活动区、服务区和景观隔离区。

（1）公共区。

公共区是在任何时候都暴露在公众视线之下的部分，通常包括入口前院和部分侧院。

（2）私人活动区。

私人活动区即户外生活区，为庭院主体，是家庭成员休闲娱乐的区域，与公共区隔离，外人不得随意进入，一般位于后院或侧院较宽敞的区域。私人活动区包括游泳池、儿童娱乐场地及其他休闲娱乐场地。

（3）服务区。

服务区以家庭生活服务、庭院园艺服务为目的，是日常生活及庭院养护的重要组成部分，包括菜园、垃圾桶、储藏间等，常常一片凌乱，一般应隐藏起来。服务区可以布置在稍偏僻的侧院或后院。



（4）景观隔离区。

景观隔离区是庭院内各分区之间的隔离区或过渡带，也是庭院与外围环境的隔离区域。

庭院的功能分区没有绝对的标准，应根据用户需求、场地面积、场地特征进行合理划分，使庭院达到既美观又实用的综合效果。

## 第六节　庭院景观设计成果

庭院景观设计成果包括设计与施工说明、平面布置图、索引图、铺装图、尺寸定位图、电气布置图、给排水布置图、节点详图、主要材料说明、植物种植图等。

# 第二章 庭院景观施工基础



## 第一节　砌筑工程施工基础

### 一、砌筑工程的概念

砌筑工程又叫砌体工程，是指在建筑工程中使用普通黏土砖、承重黏土空心砖、蒸压灰砂砖、粉煤灰砖、各种中小型砌块和石材等材料进行砌筑的工程。

### 二、砌筑工程的分类

1. 按使用材料分

1）砖体砌筑

砖体砌筑的质量主要由原材料质量和施工质量决定。在进行砖体砌筑时，除应采用符合质量要求的原材料外，还必须保证良好的施工质量，使砖砌体有良好的整体性、稳定性和受力性能。为此，应保证砖体砌筑时砖砌体的灰缝横平竖直、砂浆饱满、厚薄均匀，砖块上下错缝、内外搭砌、接槎牢固，墙面垂直。

砖墙的组砌方式是指砖在墙体中的排列方式。在砖墙组砌中，把长边沿墙面砌筑的砖称为顺砖，把短边沿墙面砌筑的砖称为丁砖。一层砖称为一皮砖。上下皮砖之间的水平缝称为横缝，左右两块砖之间的竖直缝称为竖缝。砌筑时可采用铺浆法或“三一”砌筑法：采用铺浆法砌筑时，铺浆长度不得超过 750 mm，气温超过 30 ℃时，铺浆长度不得超过 500 mm；“三一”砌筑法即一铲灰、一块砖、一挤揉的操作方法。

（1）砖砌体的水平灰缝。

为保证水平灰缝水平，砌筑时应将砖砌体基础找平，并按皮数杆拉通线，将每皮砖砌平。

为保证砖块之间的黏结力，使砖块和砂浆均匀受力，水平灰缝的厚度以 10 mm 为宜，施工时通常将其控制在 8 ～ 12 mm。水平灰缝的饱满度不低于 80%。

（2）砖墙的组砌方式。

砖体砌筑时应遵循“上下错缝，内外搭砌”的原则，以保证砖砌体整体的受力性能。砖墙的组砌方式有一顺一丁式、梅花丁式、三顺一丁式、全顺式、两平一侧式（图2-1）。

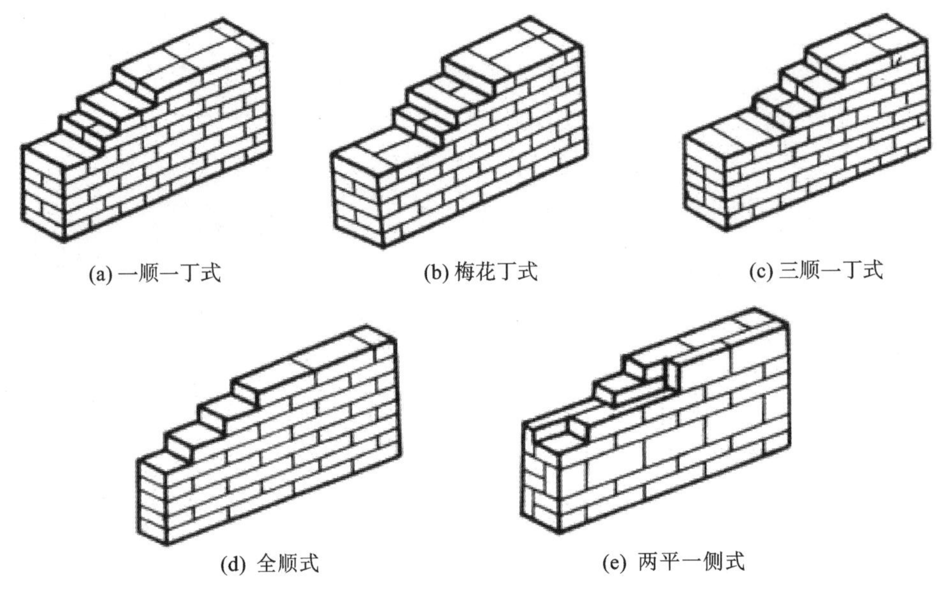

(a) 一顺一丁式　(b) 梅花丁式　(c) 三顺一丁式　(d) 全顺式　(e) 两平一侧式

图 2-1　砖墙的组砌方式

①一顺一丁式是指墙体由一皮顺砖与一皮丁砖间隔砌成。上下皮竖缝相互错开 1/4 砖长。这种组砌方式适用于砌一砖墙、一砖半墙及二砖墙。

②梅花丁式是指墙体每皮都由丁砖与顺砖间隔砌成，上皮丁砖坐中于下皮顺砖，上下皮竖缝相互错开 1/4 砖长。这种组砌方式适合于砌一砖墙及一砖半墙。

③三顺一丁式是指墙体由三皮顺砖与一皮丁砖相隔砌成。上下皮顺砖间竖缝相互错开 1/2 砖长，上下皮顺砖与丁砖间竖缝相互错开 1/4 砖长。这种组砌方式适合于砌一砖墙及一砖半墙。三顺一丁式易产生内部通缝，一般不提倡此种组砌方式。

④全顺式是指墙体中各皮砖均为顺砖，上下皮竖缝相互错开 1/2 砖长。这种组砌方式仅适合于砌半砖墙。

⑤两平一侧式是指墙体由两皮顺砖与一皮侧砖相间砌筑而成。这种组砌方式主要用于砌筑 3/4 厚砖墙。

2）毛石砌筑

毛石砌筑应采用铺浆法。砂浆必须饱满，砂浆饱满度应大于 80%。毛石砌体宜分皮卧砌。应利用毛石自然形状，进行敲打、修整，使各皮毛石能与先砌毛石基本吻合、搭砌紧密。毛石应上下错缝，内外搭砌。毛石砌筑不得采用外面侧立毛石、中间填心的砌筑方法。中间不得有铲口石（即尖石倾斜向外的石块）、斧刀石（即尖石向下的石块）和过桥石（即仅在两端搭砌的石块）。

毛石砌体的灰缝厚度宜为 20 ～ 30 mm。石块间不得有相互接触的现象。对于石块间较大的空隙，应填塞砂浆后用碎石块嵌实，不得采用先放碎石后塞砂浆或干填碎石块的方法。

2. 按砌筑结构分

1）基础砌筑

基础砌筑指砖基础和毛石基础的砌筑。这两种基础均属于刚性基础。刚性基础的特点是抗压性能好，整体性、抗拉性能、抗弯性能、抗剪性能较差，材料易得，施工操作简便，造价较低。基础砌筑的工艺标准适用于地基坚实、均匀，上部荷载较小，七层和七层以下的一般民用建筑和墙承重的轻型厂房基础工程。



（1）砖基础。

砖基础一般砌成阶梯形，俗称大放脚。大放脚做法有等高式（两皮一收）和间隔式（两皮一收与一皮一收相间）两种，每一种收退台宽度均为 1/4 砖。

砌筑前应清理基槽底，除去软弱土层，用灰土填补夯实，并铺设垫层；先用干砖试摆，确定排砖方法和错缝位置，使砌体平面尺寸符合要求。

砌筑时应先铺底灰，再分皮挂线砌筑。铺砖采用一顺一丁（满丁满条）式，做到里外咬槎，上下错缝。转角处要放七分头砖（即 3/4 砖）。砖墙转角处和抗震设防建筑物的临时间断处不得留直槎。基础最下一皮砖与最上一皮砖宜采用丁砌法，先在转角处砌几皮砖，然后拉通线砌筑。

内外墙基础应同时砌筑或做成踏步式。若基础深浅不一致，则应从低处砌起，接槎高度不宜超过 1 m，高低相接处要砌成阶梯。阶梯长度应不小于 1 m，高度不大于 0.5 m，砌到上层后再和上层的砖一起退台。砌筑时，灰缝砂浆要饱满，严禁用冲浆法灌缝。砖基础中预留洞口及管道。其位置、标高应准确，避免凿打墙洞。管道上部应留沉降空隙。砖基础上铺放的地沟盖板的出檐砖应同时砌筑，并应用丁砖砌筑，立缝碰头灰应打严实。

砖基础砌至防潮层时，必须用水准仪找平，并按规定铺设 20 mm 厚 1 ： 2.5 ～ 1 ： 3.0 的水泥防水砂浆防潮层，要求压实抹平。用一油一毡防潮层，待找平层干硬后，刷冷底子油一道，浇沥青玛琋脂，摊铺卷材并压紧。卷材搭接宽度不少于 100 mm。如无卷材，亦可用塑料薄膜代替。砌完后，应及时清理基槽内的杂物和积水，在基础两侧同时回填土，并分层夯实。

（2）毛石基础。

毛石基础截面有矩形、阶梯形、梯形等，基础上部宽度一般比墙体厚度多 20 cm 以上。毛石的形状不规整，不易砌平。为保证整体刚度和传力均匀，每一级台阶不得少于 2 皮毛石，每阶宽度应不小于 20 cm，每侧高度不小于 40 cm。

砌筑前应检查基槽的土质、轴线、尺寸和标高，清除杂物并夯实。地基过湿时，应铺 10 cm 厚的砂、矿渣或砂砾碎石填平夯实。

根据龙门板或中心桩确定基础轴线及边线，抄平，在两端立好皮数杆，确定分层砌石高度（不宜小于 30 cm），标出台阶收分尺寸。

砌筑时应双挂线，分层砌筑，每层高度应为 30 ～ 40 cm，大体砌平。基础最下一皮毛石应选用较大的石块，使大面朝下，放置平稳，并灌浆。以上各层均应铺浆砌筑，不得用先铺石后灌浆的方法。转角及阴阳角外露部分，应选用方正、平整的毛石（俗称角石）互相拉结砌筑。

大、中、小毛石应搭配使用，使砌体平整。对于形状不规则的石块，应用大锤适当加工。灰缝要饱满密实，厚度一般控制在 30 ～ 40 mm。石块上下皮竖缝必须错开（不少于 10 cm，角石不少于 15 cm），做到丁顺交错排列。



为保证砌体结合牢靠，每隔 0.7 m 应垂直于墙面砌一块拉结石，水平面距离应不大于 2 m。上、下、左、右的拉结石应错开，呈梅花形。转角、内外墙交接处均应选用拉结石砌筑。对于用于填心的石块，应根据石块自然形状交错放置，尽量使石块间隙最小。若有过大缝隙，应铺砂浆，填入小石块使之稳固，用锤轻敲使其密实，严禁石块间无浆直接接触，以免出现干缝、通缝。若基础的扩大部分为阶梯形，则上级阶梯的石块应至少压砌下级阶梯石块的 1/2，相邻阶梯的石块应相互错缝搭砌，以保证整体性。

每砌完一层，必须校对中心线，找平一次，检查有无偏斜现象。基础上表面配平宜用片石，因其咬劲大。基础侧面要保持大体平整、垂直，不得有倾斜、内陷和外鼓现象。砌好后外侧石缝应用砂浆勾严。

墙基需要留槎时，不得留在外墙转角或纵墙与横墙的交接处，至少应保持 1.0 m 的距离。接槎应做成阶梯式，不得留直槎或斜槎。基础中的预留孔洞要按图纸要求事先留出，不得砌后凿洞。沉降缝应分成两段砌筑，不得搭接。

在砌筑过程中，若需要调整石块，应将毛石提起，刮去原有砂浆重新砌筑。严禁用敲击法调整石块，以防松动周围墙体。当砌至顶面一层时，上皮石块伸入墙内长度应不小于墙厚的 1/2。

应在当天砌完的砌体上铺一层灰浆。夏季施工时，对于刚砌完的砌体，应用草袋覆盖养护 5 ～ 7 天，避免风吹、日晒、雨淋。毛石基础砌完后要及时在基础两边均匀、分层回填土，分层夯实。

2）结构砌筑

结构砌筑是指砖结构、石结构和其他材料的砌块结构的砌筑。按照配筋数量，结构砌筑分为无筋结构砌筑、约束结构砌筑和配筋结构砌筑。

3）填充墙砌筑

填充墙砌筑是指房屋建筑采用普通砖、空心砖、蒸压加气混凝土砌块、轻骨料混凝土小型空心砌块等砌筑填充墙（例如框架间墙）的工程。

填充墙砌筑对材料要求严格，如轻骨料混凝土小型空心砌块和蒸压加气混凝土砌块的产品龄期不得小于 28 d，蒸压加气混凝土砌块的含水率宜小于 30%。

烧结空心砖、蒸压加气混凝土砌块、轻骨料混凝土小型空心砌块等的运输、装卸过程中，严禁抛掷、倾倒；进场后应按品种、规格整齐堆放，堆置高度不宜超过 2 m。应防止蒸压加气混凝土砌块在运输和堆放时被雨水淋湿。砌块润湿程度应符合以下规定：①烧结空心砖的相对含水量为 60% ~ 70%；②吸水率高的轻骨料混凝土小型空心砌块、蒸压加气混凝土砌块的相对含水量为 0% ~ 50%。

## 三、砌筑工程常用材料

砌筑工程常用材料主要有砖和天然石材两大类。砖为砌体的结构材料，分为烧结砖和环保砖（见表 2-1）。烧结砖有烧结普通砖（红砖、青砖）、烧结多孔砖和烧结空心砖；环保砖有水泥砖等。

表 2-1 砖的分类

| 种类 | 名称 | | 材质 | 颜色 | 性质 / 特点 | 图片 |
|---|---|---|---|---|---|---|
| 烧结砖 | 普通砖 | 红砖 | 黏土 | 红棕色 | 烧制过程中自然冷却，有一定的强度、耐久性、保温、隔热、隔声作用 | |
| | | 青砖 | 黏土 | 青灰色 | 烧制过程中加水冷却，较红砖结实，耐碱性、耐久性好 | |
| | 多孔砖 | | 黏土 | 红棕色 | 砖孔的尺寸小而数量多，用于砌筑承重墙 | |
| | 空心砖 | | 黏土 | 红棕色 | 砖孔的尺寸大而数量少，用于非承重部位 | |
| 环保砖 | 水泥砖 | | 粉煤灰、煤渣等为原料，水泥为凝固剂 | 一般为灰色，也可加入氧化铁制成彩色 | 优点是免烧、密实性好、吸水率低、抗冻性好、强度高；缺点是与抹面砂浆结合强度弱于红砖，容易在墙面产生裂缝。水泥砖施工时应充分喷水 | |

天然石材为采自地壳的岩石，主要作为装饰材料，有黄木纹板岩、文化石、火山岩、花岗岩等（见表 2-2）。

表 2-2　天然石材的分类

| 种类 | 名称 | 颜色 | 产地 | 性质 / 特点 | 图片 |
|---|---|---|---|---|---|
| 黄木纹板岩（干垒） | | 黄色，间有青灰色、红色 | — | 纹理丰富，色泽纹路能保持自然原始的风貌 | |
| 文化石（干垒） | | 色彩多样 | — | 材质坚硬、色泽鲜明、纹理丰富、风格各异 | |
| 火山岩（板材用于压顶，块石用于干垒） | | 灰色 | — | 具有天然孔洞，材质坚硬 | |
| 花岗岩（压顶石） | 黄锈石 | 底色为淡黄色，带黄色锈斑 | 福建、山东 | 无黑斑，多锈点，锈点清晰 | |
| | 黄金麻 | 底色为黄灰色，散布灰麻点 | 山东 | 表面光洁度高，硬度高，密度大 | |
| | 芝麻黑 | 底色为黑色，有白色和灰色麻点 | 福建、山东、海南 | 刚性好，硬度高，耐磨性强，耐高温 | |
| | 芝麻白 | 底色为白色，散布灰色和黑色麻点 | 福建 | 硬度高，颗粒均匀、细密，空隙小 | |
| | 芝麻灰 | 底色为灰色，散布白色和黑色麻点 | 福建、山东 | 刚性好，硬度高，耐磨性好，耐高温 | |
| | 蒙古黑 | 底色为黑色，散布零星白点 | 内蒙古 | 结构致密，质地坚硬，耐酸碱，易切割 | |
| | 新疆红 | 底色为暗红，带黑色和深灰色的斑块或斑点 | 新疆 | 色泽艳丽，色调均匀 | |

## 四、常用的砌筑工具

（1）大铲：铲灰、铺灰与刮灰用，分为桃形和长三角形两种。

（2）瓦刀：打砖，往砖面上刮灰、砌碹及砌墙用。

（3）刨锛：打砖用。刨锛一端有刃，如同锛子，打砖时用带刃的一侧砍；另一端为平顶，可当小锤用。

（4）摊灰尺：摊铺灰浆用。摊灰尺是用木条钉成的直角靠尺，长约 1 m，并带有木手柄。上面的木条厚度应与灰缝厚度相等，凸出部分为 13 mm。刮铺灰浆时，先将摊灰尺的凸出部分搁在砌好的砖墙边棱上，把灰浆倒在墙上，用瓦刀贴着摊灰尺上面的木条把灰浆刮平。铺灰要均匀、平整，并缩进墙边 13 mm，使砌的墙面清洁。

（5）铺灰器：铺灰浆用。铺灰器用木料或铁皮制成，宽度应与墙厚相适应。铺灰时，将灰浆装入铺灰器内，两手握住铺灰器，一手前拉，一手后推，用力要均匀，速度要一致，不要用力过猛，以免将刚铺好的灰层碰坏或造成灰层厚薄不均。铺灰器铺设的灰浆饱满、平整、均匀，铺设速度快，特别适用于墙身较长、较厚、没有门窗洞口和砖垛的砌体。

（6）线锤：用来检查砖柱、垛、门窗洞口的面和角是否垂直。线锤用金属制成，形状为圆锥体。

（7）托线板（靠尺板）：检查墙面垂直度及平整度用。托线板由红松木板制成，板的中心弹有墨线，顶端中部可挂线锤。检查墙面的平整度时，将托线板靠在墙面上，若板边与墙面接触严密，则说明墙面平整。检查墙面的垂直度时，将板的一侧垂直靠紧墙面，当线锤停止自由摆动时，线锤的线如与板中的竖直墨线重合，则说明墙面垂直。

（8）皮数杆：控制砌筑层数、门窗洞口及梁板位置的辅助工具。皮数杆由松木制成，截面尺寸为 50 mm × 50 mm，长度视需要而定。

（9）准线（挂线）：用来控制砖层平直度与墙厚，是砌砖的依据。准线可用小白线或麻线，但是要有足够的抗拉强度。

（10）铁水平尺：检查墙面水平度用。

砌筑工具还有大锤、手锤、钢錾和撬棍等。

## 五、施工工艺流程及注意事项

### 1. 施工工艺流程

施工工艺流程见图 2-2。

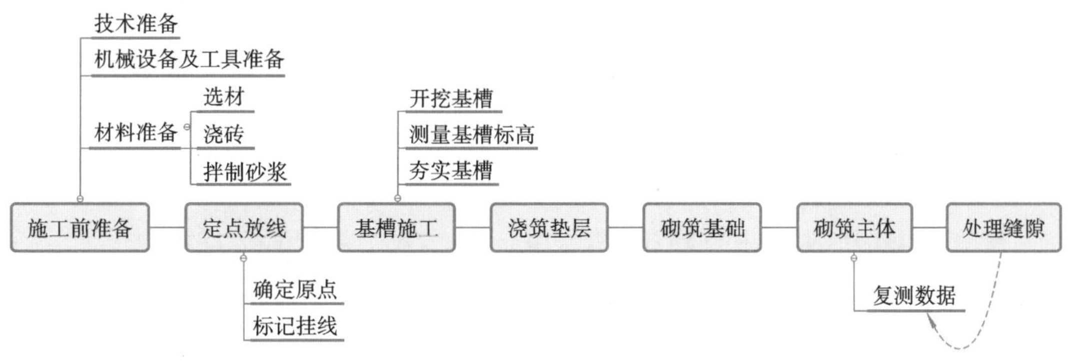


图 2-2　施工工艺流程

应根据施工组织设计方案所确定的施工程序、施工进度计划、分部（项）工程划分计划确定施工段和施工流向。搭接方法视各工程具体情况而定。施工工艺流程具体讲解如下。

1）施工前准备

（1）技术准备。

按施工图要求进行砂浆配合比试验，测定砂浆中黄砂的含水率，调整施工配合比；进行砌块强度试验，检验砌块强度是否符合施工图要求；按施工计划要求划分和确定施工段、施工顺序。



（2）机械设备及工具准备。

一般选用的机械设备有砂浆搅拌机，垂直、水平运输机械。

常用工具有手推车、砖夹、铁锹、瓦刀、大铲、溜子等。

计量检测用具有经纬仪、水准仪、钢卷尺、水平尺、靠尺、塞尺等。

（3）材料准备。

材料准备包括选材、浇砖、拌制砂浆。

2）定点放线

根据图纸找出砌筑所需坐标点，从原点方向进行测量，在边框上做好标记，进行挂线，在交叉点处放置定位桩。

3）基槽施工

（1）开挖基槽。

根据定位桩所在位置圈出基槽开挖范围并进行基槽开挖，开挖后要保证基槽内平整。

（2）测量基槽标高。

先根据图纸要求确定原点处标高，再测量基槽处标高。基槽标高应高于图纸要求标高约 1 cm。

（3）夯实基槽。

将基槽夯实至图纸要求标高，且保持基槽内平整。

4）浇筑垫层

垫层表面要平整，不可在垫层上方直接摆砖，需要上灰砌筑。

5）砌筑基础

砌筑前校核基底标高和轴线尺寸，弹出边线，确定砌筑基础位置。摆放砌筑砖，确定砌筑长度，调整缝隙，使其均匀。

砖基础形式分等高式和间隔式，宜采用一顺一丁式，竖缝错开 1/4 砖长，十字接头和丁字接头应隔皮砌通。在砌筑不同深度的基础时，应按先深后浅的顺序砌筑，由高处向低处搭接，基础高低相接处应砌成踏步式，踏步长度不大于 1 m，高度不大于 0.5 m。

6）砌筑主体

砌墙应从墙角开始，先砌筑边角砖，保证边角砖数据准确，进行挂线，再砌筑主体，保证上下错缝、缝隙均匀、无游丁走缝，材料优质面向外。

砌砖宜采用一铲灰、一块砖、一挤揉的“三一”砌筑法，即满铺、满挤操作法。砌砖时砖要放平，做到“上跟线，下跟棱，左右相邻要对平”。在操作过程中，要认真进行自检，如出现偏差，应随时纠正。严禁事后砸墙，随砌随将舌头灰刮净。

砖砌体的转角处和交接处应同时砌筑。不能同时砌筑而又必须留置的临时间断处应砌成斜槎，长度不应小于高度的 2/3。

7）处理缝隙

将缝隙用水泥砂浆填至饱满，使用勾缝抹进行勾缝，使缝隙光滑水平、整洁美观。



8）复测数据

测量主体至基准线的距离，以及主体本身的长度、宽度、高度、水平度。

2. 施工注意事项

（1）进入施工现场的职工除接受施工技术交底外，还应接受安全生产技术交底和安全知识方面的教育。

（2）进入施工现场要戴好安全帽、护膝、手套、口罩、护目镜等护具。砂浆配制时应严格计量，保证配合比准确，拌制时间应符合设计要求。

（3）基础应挂线砌筑，一砖半墙应双面挂线。大放脚两边收退要均匀，砌到基础墙身时，要拉线找正墙的轴线和边线。砌筑时应保持墙体垂直，防止基础墙身发生过大位移。

（4）埋入砖砌体的拉结筋位置应正确、平直，外露部分在施工中不得任意弯折。石砌体中的丁石数量和位置必须满足要求。

（5）砌体的转角和交接处应同时砌筑，否则应砌成斜槎。对于有高低台的基础，应从低处开始砌筑，并由高台向低台搭接，且搭接长度不应小于基础扩大部分的高度。砌体临时间断处的高差不得超过一步脚手架的高度。

（6）雨期施工应防止基槽泡水和雨水冲刷砂浆。砂浆的稠度应适当减小，每日砌筑高度不宜超过 1.2 m。收工时应覆盖砌体表面。

（7）冬期施工应清除砖、石的冰霜。应防止石灰膏受冻。采用掺盐抗冻砂浆砌筑。掺盐量、材料加热温度应符合施工技术措施的规定。砂浆使用温度不应低于 5 ℃。

## 第二节　铺装工程施工基础

### 一、铺装的概念

铺装是指运用天然或人工制作的硬质铺地材料来装饰路面，如园路、广场、活动场地、建筑地坪等。不同尺度的铺地材料能取得不一样的空间效果。铺装的色彩要与周围环境的色调相协调。铺装在很大程度上依靠材料的质地给人们带来各种感受。铺装可通过多种多样的纹样形式来衬托和美化环境，增加园林的景致。

## 二、铺装的功能

### 1. 分隔和变化空间

铺装材料或样式的变化形成空间界线，对人的心理产生不同暗示，达到分隔和变化空间的效果。两个不同功能的活动空间往往采用不同的铺装材料，或者采用同一种铺装材料，但采用不同的铺装样式。



### 2. 引导视线和强化空间

设计师经常采用直线形的铺装引导游人前进。在需要游人驻足的场所，则采用无方向性或稳定性的铺装。当需要游人关注某一重要的景点时，则采用往景点方向引导的铺装。另外，铺装线条的变化可以强化空间感，比如用平行于视平线的铺装线条强调深度，用垂直于视平线的铺装线条强调宽度。合理利用这一功能可以在视觉上调整空间大小，达到使小空间变大、窄路变宽等效果。

### 3. 诠释主题和强化意境

良好的景观铺装对空间往往能起到诠释主题的增彩作用。利用铺装图案强化意境是中国园林艺术的手法之一。通过文字、图形、特殊符号等来诠释空间主题、强化意境的铺装，在一些纪念性、知识性和导向性空间中比较常见。

## 三、园路的分类

园路在庭院铺装中起着重要的作用。园路的设计虽然有利于人流疏导，但并不以为游人提供捷径为准则。园路的分类如下。

### 1. 按使用功能分

园路按使用功能可分为主路、次路、步道、汀步等。

（1）主路。

主路即庭院内的主要道路。主路从入口通向各主景区、广场、公共建筑、观景点、后勤管理区，形成骨架和环路，组成导游的主干线。

（2）次路。

次路是主路的辅助道路。次路呈支架状，连接各景点和景观建筑。

（3）步道。

步道是指绿色景观线路，沿着河滨、溪谷、山脊、风景道路、沟渠等自然和人工廊道建设，可供游人徜徉其间。步道与自然生态环境密切结合，形成景观走廊，促进景观生态系统内部的有效循环，同时加强各景观斑块之间的联系。

（4）汀步。

汀步是步石的一种类型，设置在水上。汀步指在浅水中按一定间距布设块石。汀步微露水面，供人跨步而过。这种古老的渡水设施质朴自然，别有情趣。汀步还可美化成荷叶形，称为“莲步”。桂林芦笛岩水榭旁就有这种设施。汀步虽属小景，但却独具匠心。

2. 按铺装材料分

园路按铺装材料可分为整体路面、块料路面、碎石路面、木栈道、嵌草路面。

（1）整体路面。

整体路面是主要由沥青混凝土或水泥混凝土铺筑的路面，平整度好，耐压、耐磨，施工和养护管理简单，多用于公园主路、次路。

（2）块料路面。

块料路面一般采用石材、砖、预制混凝土做路面面层，用水泥砂浆做结合层。这类园路常见于庭院中的步道、次路等，也是庭院景观中利用比较广泛的园路之一。

（3）碎石路面。

碎石路面是由轧制的碎石按嵌挤原理铺压而成的路面。碎石路面的结构强度主要取决于石料颗粒的嵌挤锁结作用及灌浆材料的黏结作用。其嵌挤锁结力取决于石料本身的强度、形状、尺寸、表面粗糙程度及碾压质量。其黏结力则取决于灌缝材料的内聚力及其与石料之间的黏附力。碎石路面一般初期投资不高，可随交通量的增长而分期改善。碎石路面平整度较差，易扬尘，雨天较泥泞，须经常撒料养护。

碎石路面按施工方法及灌缝材料可分为水结碎石、水泥结碎石、泥结碎石、泥灰结碎石、干压碎石、湿拌碎石等路面。

（4）木栈道。

木栈道是将木材作为面层材料的园路。木栈道具有奇特的质感、色彩、纹理，可令步行更为舒适，但造价和维护费用相对较高。木栈道所选的木材一般要经防腐处置。因此，从维护环境和便于养护角度考虑，应尽量选择耐久性好的木材，或添加防腐剂对环境污染小的木材。如今木栈道多选用杉木。

（5）嵌草路面。

嵌草路面是指将天然石块和预制水泥混凝土块铺成冰裂纹或其他花纹，铺筑时在块料间留 3~5 cm 的空隙，填入土，然后种草。

3. 按排水性能分

园路按排水性能可分为排水路面和透水路面。

（1）排水路面。

在设计排水路面时，应合理选择方案，布置排水设施，保证路基、路面稳定。

（2）透水路面。

透水路面具有透水性，下雨时能减少道路、广场的积水现象。当集中降雨时，透水路面能减轻城市排水设施的负担，防止雨水泛滥和水体污染。透水路面既能保持土壤湿度，维护地下水及土壤的生态平衡，又能避免过度开采地下水引起的地基下沉。

透水路面具有独特的孔隙结构，在吸热和储热功能方面接近自然植被覆盖的地面，能够调节城市空间的温度和湿度，缓解城市热岛效应。透水路面的孔隙率较大，具有吸声功能，减少环境噪声，还能吸附城市污染物（如粉尘），减少扬尘污染。同时，透水路面具有易维护性。高压冲水可以处理透水路面的孔隙堵塞问题。



## 四、铺装材料的分类

### 1. 按使用部位划分

铺装材料按使用部位可分为基础材料、装饰材料、收边材料等。

### 2. 按材质划分

铺装材料按材质可分为石材、钢材、木材、陶瓷、玻璃、烧结砖、钢筋混凝土砖、复合材料等。

（1）石材。

石材包括大理石、花岗岩、板岩、砂岩、雨花石、卵石、荧光石、碎石、豆石、米石。

（2）钢材。

钢材包括不锈钢、耐候钢、镀锌钢、轧钢、合金。

（3）木材。

木材包括巴劳木、山樟木、炭化木、防腐木。

（4）陶瓷。

陶瓷包括瓷砖、仿古砖、陶瓦、彩砂、马赛克。

（5）玻璃。

玻璃包括钢化玻璃、彩色玻璃、变色玻璃、磨砂玻璃。

（6）烧结砖。

烧结砖包括饰面烧结砖、耐火砖、古建砖、页岩砖、黏土砖。

（7）钢筋混凝土砖。

钢筋混凝土砖包括透水砖、荷兰砖、舒布洛克砖、釉面砖、广场砖、植草砖、水泥砖。

（8）复合材料。

复合材料包括木塑、塑胶、丙烯酸、环氧树脂。

### 3. 按施工工艺划分

铺装材料按施工工艺可分为浇筑材料、摊铺材料、散置材料、涂层材料等。

## 五、铺装常用施工工具

铺装常用施工工具有橡皮锤、抿子、刮条、卷尺、水平尺、准线等，见图 2-3。

图 2-3　铺装常用施工工具



## 六、铺装表现要素

### 1. 铺装图案的尺度

不同尺度的铺装图案能取得不一样的空间效果。铺装图案的尺度会对外部空间产生一定的影响：尺度较大的铺装图案会使空间具有宽敞的感觉；尺度较小的铺装图案会使空间具有压缩感和私密感。选用不同尺度的铺装图案，合理采用与周围色彩、质感不同的材料能调整空间的比例关系，构造出与环境相协调的布局。通常大尺度的花岗岩、抛光砖等材料适用于大空间，而中、小尺度的地砖和小尺度的马赛克更适用于一些中小型空间。

### 2. 铺装的色彩

铺装的色彩要与周围环境的色调相协调。色彩的选择要充分考虑人的心理感受。色彩具有鲜明的个性：暖色调热烈、冷色调优雅；明色调轻快、暗色调宁静。色彩的应用应在统一中求变化，即铺装的色彩要与整个景观相协调，用视觉上的冷暖节奏变化及轻重缓急节奏变化，消除色彩千篇一律的沉闷感，最重要的是做到稳重而不沉闷，鲜明而不俗气。

### 3. 铺装的质感

大空间的铺装要做得粗犷些，应该选用质地粗糙、厚实，线条较为明显的材料，因为厚实往往会给人稳重的感觉。同时，在烈日下，粗糙的铺装可以较好地吸收光线。小空间铺装则应该采用细腻、光滑的材料，给人轻巧、精致、柔和的感觉。不同质感的铺装创造了不同的美。必须注意不同质感铺装之间的调和，恰当地运用相似及对比原理，构建统一、和谐的铺装景观。

4. 铺装的纹样

运用不同纹样的铺装可以衬托和美化环境，丰富景致。纹样因环境和场所的不同而具有多种变化。不同纹样的铺装给人的心理感受也是不一样的。将园路用砖铺设成直线或者平行线具有增强地面设计效果的作用。规则的铺装形式会产生静态感，暗示着一个静止空间的出现，如正方形、矩形铺装。三角形和其他不规则图案的组合则具有较强的动感。庭院中还经常使用效仿自然的不规则铺装，如乱石纹、冰裂纹等，可以使人联想到乡间、荒野，更具有朴素、自然的感觉。

## 七、铺装的施工流程及做法



铺装的基本施工流程见图 2-4。

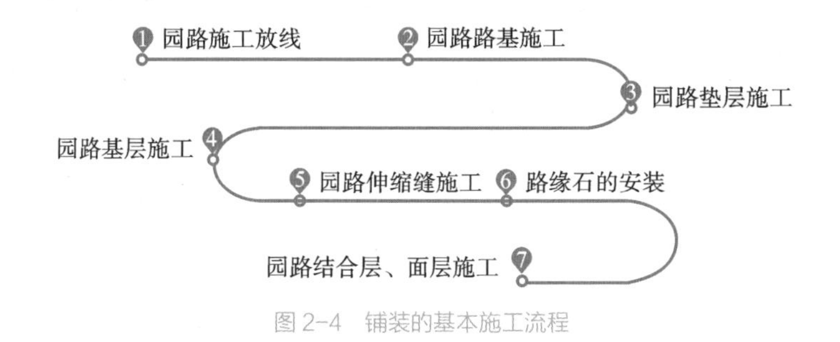


图 2-4　铺装的基本施工流程

铺装材料不同，铺装的具体施工流程及做法也不同。

1. 彩色混凝土压模园路

彩色混凝土压模园路的施工流程如下：处理地面→铺设混凝土→振动、压实混凝土并抹平混凝土表面→覆盖第一层彩色强化粉→压实、抹平彩色表面→洒脱模粉→压模成型→养护→水洗施工面→干燥养护→上密封剂→交付使用。

彩色混凝土压模园路的基层做法同一般园路基层做法相近。彩色混凝土压模园路的面层做法是关键。面层质量直接影响园路的最终质量。初期彩色混凝土一般采用现场搅拌、现场浇捣的方法，用平板式振捣机进行振捣，直接找平。在混凝土即将终凝前，用专用模具压出花纹。

彩色混凝土应一次配料、一次浇捣，避免多次配料而产生色差。彩色混凝土压模园路的花纹是用模具压成的，因此应按施工图的要求定制模具，或向有关专业单位采购适合的模具。

2. 木铺地园路

木铺地园路是采用木材铺装的园路。木铺地园路是室外的人行道，面层木材一般采用耐磨、耐腐、纹理清晰、强度高、不易开裂、不易变形的优质木材。

木铺地园路的施工流程如下：素土夯实→铺设碎石垫层→铺设素混凝土垫层→砌筑砖墩→安装木格栅→铺设面层木板。从这个流程可以看出，木铺地园路与一般块石园路的施工流程基本相同，不同的是增加了砌筑砖墩、安装木格栅及铺设面层木板流程。木板和木格栅的木材含水率应小于 12%。木材在铺装前还应做防火、防腐、防蛀等处理。

（1）砌筑砖墩。

砖墩一般采用标准砖、水泥砂浆砌筑。砌筑高度应根据木铺地园路架空高度及使用条件而定。砖墩之间的距离不宜大于 2 m，否则会造成木格栅的端面尺寸加大。砖墩的布置一般与木格栅的布置一致，若木格栅的间距为 50 cm，那么砖墩的间距也应为 50 cm。砖墩的标高应符合设计要求，必要时可在其顶面抹水泥砂浆或细石混凝土找平。

（2）安装木格栅。

木格栅的作用主要是固定与承托面层。从受力状态分析，它可以看作一根小梁。木格栅断面应根据砖墩的间距而有所区别。砖墩的间距大，木格栅的跨度就大，断面尺寸相应也要大一些。铺筑木格栅时，要进行找平。木格栅安装要牢固，并保持平直。木格栅之间还要设置剪刀撑，以增加其侧向稳定性，使一根根单独的木格栅连成一体，增加木铺地园路的刚度。另外，设置剪刀撑对于木格栅本身的翘曲变形也可起到一定的约束作用。所以，在架空木基层中，在木格栅之间设置剪刀撑是保证质量的构造措施。将剪刀撑布置于木格栅两侧，用铁钉将其固定于木格栅上，并按设计要求布置间距。

（3）铺设面层木板。

面层木板主要用铁钉固定，即用铁钉将面层木板固定在木格栅上。面层木板的拼缝一般为平口、错口。面层木板的铺设方向一般垂直于人们行走的方向，也可以平行于人们行走的方向。面层木板应按照施工图纸的要求进行铺设。在铁钉钉入面层木板前，应先将钉帽砸扁，再用工具把铁钉钉帽打入木板内 3 ～ 5 mm。面层木板铺装好后，应用手提刨对表面进行抛光处理，再由漆工师傅进行油漆的涂装工作。

**3. 植草砖铺地园路**

植草砖铺地园路是在砖的孔洞或缝隙间种植青草的一种园路。如果青草茂盛，这种园路看上去是一片青草地，且平整、坚硬。有些植草砖铺地园路可作为停车场的地坪。

植草砖铺地园路的施工流程如下：素土夯实→铺设碎石垫层→铺设素混凝土垫层→铺设细砂层→铺设砖块及种植土、撒草籽。另一种施工流程是：素土夯实→铺设碎石垫层→铺设细砂层→铺设砖块及种植土、撒草籽。

植草砖铺地园路的素土夯实、铺设碎石垫层、铺设素混凝土垫层的施工流程与花岗石园路的基层施工流程相同，不同的是，植草砖铺地园路有铺设细砂层这一施工流程，且二者的面层材料不同。因此，植草砖铺地园路施工的关键在于面层植草砖的铺装。

应按设计图纸的要求选用植草砖。常用的植草砖有二孔水泥砖，也有无孔水泥小方砖。

在进行植草砖铺装时，砖与砖之间应留有间距，一般为 50 mm。在此间距中撒入种植土，再撒入草籽。植草砖格栅是由一定强度的塑料制成的，成品尺寸为 500 mm×500 mm。将它直接铺设在地面上，再撒上种植土和草籽，就形成了植草砖铺地园路。

4. 透水砖铺地园路

透水砖的透水性、保水性非常强，透水速率可以达到 5 mm/s，保水性可达到 12 L/$m^2$。由于其良好的透水性、保水性，下雨时雨水会自动渗透到砖底直达地表，部分水保留在砖里。雨水不会像在水泥路面上一样四处横流。天晴时，渗入砖底或保留在砖里面的水会蒸发，起到调节空气湿度、降低大气温度、缓解城市热岛效应的作用。透水砖优异的透水性及保水性源于它 20% 的孔隙率。透水砖的强度可以满足 10 t 以上汽车的通行要求。



透水砖的铺筑同花岗石的铺筑相似，由于其底下是干拌黄沙，因此比花岗石铺筑更方便。透水砖铺地园路的施工流程如下：素土夯实→铺设碎石垫层→铺设砾石、砂垫层→铺设防渗土工布→拌制 1 ∶ 3 干拌黄沙→铺设透水砖面层。

从透水砖铺地园路的施工流程可以看出，基层中增加了一道防渗土工布，从而充分发挥透水砖的透水性、保水性。防渗土工布可以参照产品说明书的要求进行铺设。

5. 花岗石园路

花岗石园路铺筑前，应按施工图纸的要求选用花岗石的尺寸。应在现场对少量不规则的花岗石进行切割加工。先将有缺边掉角、有裂纹和局部污染变色的花岗石挑选出来，再对完好的花岗石进行套方检查。规格尺寸如有偏差，应磨边修正。对于有些要铺筑成花纹图案的园路，应将挑选出的花岗石按颜色、大小、形状分类堆放。弧形园路应按平面弧度加工花岗石，并将花岗石按不同尺寸堆放整齐。应对不同色彩和形状的花岗石进行编号，以便于施工。

在铺筑花岗石前，应先进行弹线。弹线后应先铺若干条干线，将其作为基线，然后向两边铺贴。铺贴花岗石之前还应泼水润湿，待其阴干后备用。铺筑时，在找平层上均匀铺一层水泥砂浆，随刷随铺，用 20 mm 厚 1 ∶ 3 干硬性水泥砂浆作黏结层。安放花岗石后，用橡皮锤敲击，既要达到铺设高度，又要使砂浆黏结层平整密实。对花岗石进行试拼，查看颜色、编号是否符合要求，图案是否美观。对于要求较高的项目，应先做样板段，邀请建设单位和监理工程师进行验收，符合要求后再进行大面积的施工。对于有高差的地面，应在铺筑前对花岗石进行切削加工。弧线应磨光，确保花纹图案标准、精细、美观。花岗石用彩色水泥砂浆进行黏结。花岗石园路铺筑 3 天内禁止踩踏。花岗石面层应洁净、平整，斧凿面纹路清晰、整齐，色泽一致。花岗石接缝均匀，镶嵌正确，板块无裂纹、掉角等缺陷。

6. 水泥面砖园路

水泥面砖由优质彩色水泥、砂经过机械拌和、充分养护而成。其强度高、耐磨、色泽鲜艳、品种多。水泥面砖表面还可以做成凸纹和圆凸纹等。水泥面砖园路的铺筑与花岗石园路的铺筑大致相同。水泥面砖的色彩组合比花岗石多。在铺装前，应按照颜色和花纹对水泥面砖进行分类。有裂缝、掉角，表面有缺陷的水泥面砖，应予以剔除。

水泥面砖园路施工流程如下。

（1）基层清理。清理地面，刷好水泥浆，再按地面标高留出水泥面砖厚度做灰饼，用 1 ∶ 3 干硬水泥砂浆冲筋、刮平，厚度约为 20 mm。刮平时，砂浆要拍实、刮毛并浇水养护。

（2）弹线预铺。在找平层上弹出定位十字中线，按设计图案预铺设花砖。砖缝顶预留 2 mm，在预铺设的位置用墨线弹出水泥面砖边线，再在边线上画出每行砖的分界点。

（3）浸水湿润。铺贴前，应先将水泥面砖浸水 2 ～ 3 小时，取出阴干后再使用。

（4）水泥面砖的铺贴工作应在砂浆凝结前完成。铺贴时要求面砖平整、镶嵌正确。施工间歇后继续铺贴前，应将已铺贴的花砖挤出的水泥混合砂浆予以清除。

（5）水泥面砖背面要清扫干净。先刷出一层水泥石灰浆，随刷随铺，就位后用小木槌凿实。注意控制黏结层的砂浆厚度，尽量减少敲击次数。在施工过程中，出现非整砖时，可用石材切割机切割。

（6）在水泥面砖铺贴 1 ～ 2 天后，用 1 ∶ 1 稀水泥砂浆填缝。面层上溢出的水泥砂浆在凝结前应予以清除。待缝隙内的水泥砂浆凝结后，再将面层清洗干净。完工 24 小时后浇水养护。完工 4 天内不得上人。

## 第三节　木作工程施工基础

### 一、常见的木材

#### 1. 国产木材

（1）落叶松：不易干燥，易开裂，早晚材的硬度差异较大，在干燥过程中容易轮裂，耐腐性强。

（2）铁杉：易干燥，干缩量不大，耐腐性中等。

（3）云杉：易干燥，干燥后不易变形，干缩量较大，不耐腐。

（4）马尾松、云南松、赤松、樟子松、油松等：干燥时可能翘裂，不耐腐，易受白蚁危害。

（5）红松、华山松、华南五针松、海南五针松等：易干燥，不易开裂或变形，干缩量小，耐腐性中等。

（6）栎木及椆木：不易干燥，易开裂，干缩量大，强度高，木材硬而重，耐腐性强。

（7）青冈：不易干燥，较易开裂，可能劈裂，干缩量大，耐腐性强。

（8）水曲柳：不易干燥，易翘裂，耐腐性较强。

（9）桦木：易干燥，不翘裂，但不耐腐。

**2. 进口木材**

（1）花旗松：强度较高，但变化幅度较大，使用时除应注意区分其产地外，尚应限制其生长轮的平均宽度；耐腐性中等，干燥性较好，干燥后不易开裂翘曲；易加工，握钉力良好，胶黏性能好。

（2）南亚松：强度中等，干缩量中等，不易干燥，易裂，边材易蓝变；加工较难，胶黏性能差。

（3）北美落叶松：强度中等，耐腐性中等，易加工。

（4）西部铁杉：强度中等，不耐腐，防腐处理难，干缩量略大，不易干燥，易加工、钉钉，胶黏性能良好。

（5）太平洋银冷杉：强度中等，不耐腐，干缩量略大，易干燥、加工、钉钉，胶黏性能良好。

（6）东部铁杉：强度低于西部铁杉，不耐腐，不易干燥，加工性能同西部铁杉。

（7）白冷杉：强度低于太平洋银冷杉，不耐腐，干缩量小，易加工。

（8）西加云杉：强度低，不耐腐，干缩量较小，易干燥、加工、钉钉，胶黏性能良好。

（9）美国黄松：强度较低，不耐腐，防腐处理略难，干缩量略小，易干燥、加工、钉钉，胶黏性能良好。

（10）大冷杉：强度较白冷杉略低，其余性质大致相同。

（11）长叶松：强度较高，耐腐性中等，但防腐处理不易，不易干燥，干缩量略大，加工较难，握钉力及胶黏性能好。

（12）西部落叶松：强度高，耐腐性中等，但干缩量较大，易劈裂和轮裂。

（13）新西兰辐射松：密度中等，容易窑干，窑干后弹性模量和强度提高，易紧固，握钉力好；易加工、指接和胶合；防腐处理容易，耐久性良好。

（14）欧洲赤松：强度高，耐腐性中等，边材易处理，易干燥，胶黏性能良好。

（15）俄罗斯落叶松：强度高，耐腐性强，但防腐处理难；干缩量较大，不易干燥，在干燥过程中易轮裂；加工难，钉钉易劈。

（16）欧洲云杉：强度中等，吸水慢，耐腐性较差，防腐处理难，易干燥、加工、钉钉，胶黏性能好。

（17）海岸松：与欧洲赤松大致相同。

（18）俄罗斯红松：强度较欧洲赤松低，不耐腐，干缩量小，易干燥，且干燥后性质好，易加工，切面光滑，易钉钉，胶黏性能好。

（19）西伯利亚松：与俄罗斯红松同。

（20）扭叶松：强度低，不耐腐，防腐处理难，常受小蠹虫和天牛的危害，干缩量略大，易干燥且性质良好，易加工、钉钉，胶黏性能良好。

（21）羯布罗香：强度高但次于沉水稍，心材略耐腐，但边材不耐腐，防腐处理较容易，干缩量大且干缩不均匀，不易干燥，易翘裂，加工难，易钉钉，胶黏性能良好。

（22）绿心木：强度高，耐腐，不易干燥，端面易劈裂，但翘曲小，加工难，钉钉易劈裂，胶黏性能好。



（23）紫心木：强度高，耐腐，心材极难浸注，易干燥，加工难，钉钉易劈裂。

（24）孪叶豆：强度高，耐腐，易干燥，易加工。

（25）巴西红厚壳：强度低，耐腐，干缩量较大，不易干燥，易翘曲，易加工，但加工时易起毛，钉钉难，胶黏性能良好。

3. 新型木材

（1）槐：不易干燥，耐腐性强，易受虫蛀。

（2）乌墨：不易干燥，耐腐性强。

（3）木麻黄：木材硬而重，易干燥，易受虫蛀，不耐腐。

（4）柠檬桉：不易干燥，易翘裂。

（5）檫木：易干燥，干燥后不易变色，耐腐性较强。

（6）榆木：不易干燥，易翘裂，收缩量颇大，耐腐性中等，易受虫蛀。

（7）臭椿：易干燥，不耐腐，易蓝变，木材轻而软。

（8）桤木：易干燥，不耐腐。

（9）赤杨叶：木材轻而软，收缩量小，强度低，易干燥，不耐腐。

## 二、常见的木作工具

### 1. 手动工具

手动工具包括锯、刨子、锛子、凿子、斧子、锤子、夹子、盒尺、折尺、直角尺、卡尺、圆规、墨斗、画线刀、锥子、画线器。

### 2. 电动工具

电动工具包括钻孔机、电木铣、电锯、磨光机、钉枪、台锯、带锯、电刨、车刀、开榫机、台钻、刮刀。

## 三、木构件的连接方式

木构件主要采用榫卯连接方式，这里对其进行重点介绍。榫卯种类很多，形态各异。这些种类和形态不仅与榫卯的功能有直接的关系，而且与木构件所处位置、组合角度、结合方式、安装顺序和安装方法等有直接的关系。

榫卯具有一定的强度、韧性和变形能力。榫头和卯眼的穿插在力学上相当于铰接点，可以承受特定方向上的拉力和压力。榫卯设计本身就是研究如何去除木料上多余的部分来保证榫卯紧密地咬合，同时达到力学的要求。木构榫卯搭接刚性较低。由于木材断面面积的减少，榫卯搭接处力学性能大大降低，难以承担大型木结构的连接作用。榫卯根据不同的功能可分为以下几类。

### 1. 用于固定垂直构件的榫卯

木作的垂直构件主要是柱。柱可分为落地柱和悬空柱两类：落地柱即柱脚直接落在柱顶石上的柱，如金柱、中柱、山柱；悬空柱即柱脚落在梁架上的柱或被其他构件挑起的柱，如童柱、瓜柱、雷公柱等。这些垂直构件不管处于什么部位，都需要榫卯来固定，于是就产生了用于柱的各种榫卯。

（1）管脚榫：固定柱脚的榫，用于各种落地柱根部。童柱与梁架或墩斗相交处也用管脚榫。它的作用是防止柱脚位移。

（2）套顶榫：是长度、径寸都远远超过管脚榫，并穿透柱顶石直接落脚于基础的长榫，常用于地势高、受风荷载较大的建筑物。它的作用是加强建筑物的稳定性。

（3）瓜柱柱脚半榫：与梁架垂直相交的瓜柱（包括金柱、脊瓜柱、交金瓜柱等），柱脚亦用管脚榫，但这种管脚榫常采用一般的半榫做法。

### 2. 用于水平构件与垂直构件相交部位的榫卯

水平构件与垂直构件相交的情况很多，最常见的有柱与梁相交，柱与枋相交，山柱与排山梁架相交，穿插枋及单、双步梁与金柱、中柱相交等。由于构件相交的部位与方式不同，榫卯的形状亦有很大区别。

（1）馒头榫：柱头与梁头垂直相交时所使用的榫，与之相对应的是梁头底面的海眼。馒头榫用于各种直接与梁相交的柱头顶部，长度、径寸与管脚榫相同。它的作用在于使柱与梁垂直结合，避免水平移位。

（2）燕尾榫：多用于联系构件，如檐枋、额枋、随梁枋、金枋、脊枋等水平构件与柱头相交的部位。燕尾榫又称大头榫，端部宽、根部窄。

（3）箍头榫：枋与柱在尽端或转角处相结合时采取的一种特殊结构的榫卯。“箍头”一词，顾名思义是“箍住柱头”。

（4）透榫：用于大木构件，常做成“大进小出”的形状，所以又称大进小出榫。“大进小出”是指榫的穿入部分，高度按梁或枋本身的高度制作。

（5）半榫：使用部位与透榫大致相同。在古建大木中，半榫常用于山柱相交处。

3. 用于水平构件互交部位的榫卯

在古建大木中，水平构件互交常见于扶脊木与扶脊木、平板枋与平板枋之间的顺接延续或十字搭交部位。

（1）大头榫：即燕尾榫，做法与枋上的燕尾榫基本相同。大头榫采用上起下落的方法安装，常用于檐檩、金檩、脊檩及扶脊木等的顺延交接部位，起拉结作用。

（2）十字刻半榫：主要用于方形构件的十字搭交部位，多用于平板枋的十字相交部位。十字刻半榫的制作方法是按枋本身的宽度，在相交处分别刻掉枋上面、下面的一半做十字搭接。



（3）十字卡腰榫：俗称马蜂腰，主要用于圆形或带有线条的构件的十字相交部位，是古建大木构件中的卡腰，主要用于搭交桁檩。

4. 用于水平或倾斜构件重叠部位的榫卯

古建大木的上架(即柱头以上)构件都是一层层叠起来的。这不仅需要解决层内构件的结合问题，而且需要解决层间构件的结合问题。这样才能使多层构件组成一个完整的结构。水平(或倾斜)构件叠交有两种情况：一种是两层或两层以上构件叠合；另一种是两层或两层以上的构件垂直(角度为 90°)或按一定角度半叠交。

（1）栽销：在两层构件相叠面的对应位置凿眼，然后把木销栽入下层构件的销子眼内。在古建大木中，销子多用于额枋与平枋之间、老角梁与小角梁之间，以及叠交在一起的梁与随梁之间、角背、隔架雀替与梁架叠交处等。

（2）穿销：穿销与栽销的方法类似，不同的是栽销的销子不穿透构件，穿销常用于溜金斗拱后尾各层构件的锁合。

5. 用于水平或倾斜构件叠交或半叠交部位的榫卯

水平或倾斜构件重叠部位需要用销子来稳固。当构件按一定角度(90° 或其他角度)叠交或半叠交时，则需要采用桁椀、趴梁榫或压掌榫等榫卯来稳固。

（1）桁椀：小式称檩椀，在古建大木中用处很多。凡桁檩与柁梁、脊瓜柱相交处，都须使用桁椀；桁椀即放置桁檩的凹形木，位置在柁梁头部或脊瓜柱顶部。

（2）趴梁（阶梯）榫：多用于趴梁、抹角梁与桁檩半叠交，以及短趴梁与长趴梁相交的部位。趴梁与桁檩半叠交时，一般做阶梯榫。

（3）压掌榫：做法与人字屋架上弦端点的双槽齿做法相似。这种榫多用于角梁与由戗之间接续相交的节点。压掌榫要求充分接触，不应有实有虚。

6. 用于板缝拼接部位的榫卯

制作古建大木和部分装修构件常常需要很宽的木板，如制作博风板、山花板、挂落板、榻板、实榻大门等。这就需要进行板缝拼接。为使木板拼接牢固，可采用榫卯拼合。

（1）银锭榫：两头大、中腰细的榫，因形状像银锭而得名。将它镶入板缝可防止胶膘年久失效后拼板松散开裂。镶银锭榫是一种键结合做法，用于榻板、博风板等处。

（2）穿带：在拼黏好的板的反面刻出燕尾槽。槽一端略宽，另一端略窄。穿带可锁合诸板，并有防止板面凹凸变形的作用。

（3）抄手带：穿带的另一种形式，但又不同于穿带。穿抄手带必须在木板小面正中间打透眼。

（4）裁口：将木板小面用裁刨裁掉一半，裁去的宽与厚近似，木板两边交错裁做，然后搭接使用。这种做法常用于山花板。

（5）龙凤榫：亦称企口，在木板小面正中间打槽，在另一块与之结合的板面正中间裁做凸榫，将两板互相咬合。



## 四、木作工程施工流程和注意事项

### 1. 木作工程施工流程

木作工程施工流程如图 2-8 所示。

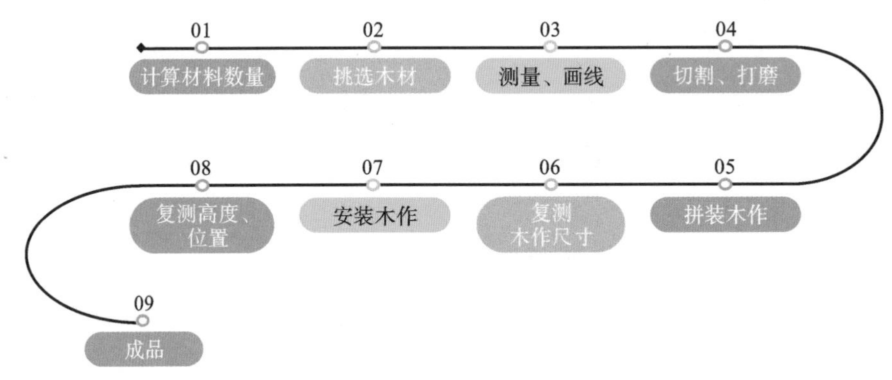


图 2-8　木作工程施工流程

（1）计算材料数量。

（2）挑选木材。选用无开裂、无弯曲、颜色基本一致的木材，挑出其中较好的木材用作面板和封边。

（3）测量、画线。

（4）切割、打磨。

掐头去尾，一画一切，保证数据准确。过长、过重的木材需要两人配合完成切割。切割时，扶木材的手不能佩戴手套，按电源键的手必须佩戴手套。合理使用木材，避免浪费。打磨时只需要磨掉切割时产生的毛刺，切勿过度打磨，导致木材短于图纸要求的长度。

（5）拼装木作。

拼装过程中要保证数据准确，每拼装一处都要进行测量。安装面板和封边时要保证缝隙均匀。钉子要在同一条直线上且钉线与面板边线平行。打孔、钉装时拿电钻的手需要佩戴手套，扶钉、扶木材的手不能佩戴手套。

（6）复测木作尺寸。

复测木作尺寸与图纸是否相符。

（7）安装木作。

稳固好木作下方基础，根据图纸要求摆放木作，保证其位置准确。安装木作时，为确保准确、安全，需要两人配合完成。

（8）复测高度、位置。

复测木作高度及位置与图纸是否相符。

（9）成品。



2. 注意事项

（1）磨刀。

刨刀使用一段时间后就会变钝。怎样把刨刀磨好呢？首先把刨刀从刨子中取出，两手握住并保持刨刀原来的斜度。磨刀时把刨刀按压在双面磨刀石上，前后推磨时应保持刨刀的斜度不变。往前推磨时，应冲出磨刀石的前缘，不能只在中间来回磨。磨刀时要边看边磨。磨完后测试刨刀的锋利程度，若刨刀已较锋利，则将刨刀拿到天然釉石上过釉，使其更锋利。所有刀具的磨刀方法均相同。

（2）刨料。

随着工具的更新换代，工作量大的刨料都由电刨来完成，手动刨只承担修正、拼角等少量工作。操作前应把刨刀磨锋利，把板材平放于工作台上，目的是把板边修直。操作时，右手握紧刨子，先观察木板的侧边是否成直线。可用墨斗弹一根线，按照墨线进行修直，或用 2 m 长的铝合金方尺比靠。对方尺不能靠拢的地方进行修改，直到修平、修直为止。

（3）锯料。

①大板材的锯开、锯断都由电锯来完成，但工作量不大的情况下还是用手动锯来完成。操作手动锯时，必须先看准墨线（凡是需要锯割的地方都要画上墨线），按照墨线的边缘下锯。锯好后，若边缘有一半墨线，则达到了标准。若板材没锯直或锯下的板材是弯曲的，必须用手动刨修正。

②锯齿的修整。

a. 按照锯齿的粗细，选择相应大小的三角锉，从下往上握住三角锉，按照原来锯齿的斜度将其锉锋利。

b. 用正齿器将其修整到锯齿均匀。第一个齿为正中，第二个齿往左偏 0.5 mm，第三个齿为正中，第四个齿往右偏 0.5 mm，第五个齿为正中，第六个齿又往左偏 0.5 mm，依此类推。修整完后，检查各锯齿位置是否符合上述要求，若不符合上述要求，则必须进行修整。

（4）凿眼。

凿眼主要是装锁、装房门的合页等。先用木工笔画出应凿的位置，把凿刀磨利，操作时左手握凿刀，右手握杠锤。凿刀的平面紧贴凿眼的内线，用木工锤敲打，注意四周及其深度，手法要准。凿刀口不能乱动，装锁时不能损坏周围的面板。

（5）吊线。

首先选择一个 0.5 kg 的吊砣，穿好线。吊砣线最好选择尼龙线，这是因为尼龙线易于定位。用木方钉一个 2600 mm 的十字形的支撑物来支撑。把吊砣线挂在这个支撑物上，使吊砣距离地面 50 mm，把支撑物放到需要吊线的位置，等到吊砣定位之后就可以做记号了。站正位置，面朝吊线，在吊砣上方 20 mm 的地方照吊线画一个点，再对正吊线，用右眼瞄准吊线，再在这个点的上方画另一个点。这两点都要在吊线与木材的重合线上。再检查一遍，若两点在同一条直线上，则可以移开吊砣，用墨斗依照标记弹线。检查任何物体是否垂直都可以使用此方法。

（6）打水平。

购买一根长 15 m、口径 10 mm 的较厚的透明胶管，打开自来水龙头将透明胶管灌满水，且保证连续灌水。打水平操作需要甲、乙两人配合完成。从地面往上量 1.5 m 做好标记，甲、乙两人各持透明胶管一端，甲在标记处掌握透明胶管内水位的升降，乙将透明胶管的另一端移到另外一个墙角。甲把透明胶管内的水位调整到标记处，这样两人的水平点就持平。乙用铅笔画下水平标记以便弹线。此方法可用于其他部位。在操作时，不能折叠、踩踏透明胶管，否则结果会不准确。透明胶管中间不能有气泡，否则也会影响准确性。

## 第四节　水景、置石工程施工基础

### 一、水景工程

景观设计经常会用到水景。古语有云，“无水不成景”“风水之法，得水为上”。可以说，水景在景观设计中是不可缺少的。水具有很强的可塑性，遇势而变，遇器而形，在园林景观中的形态千变万化，同时还可以起到扩大空间的效果。

“园以水活，无水不成园。”水赋予景观更多的生机和活力。设计师经常用到的水景包括湖、瀑、泉、池和溪等，根据不同的环境搭配的水景具有不同的美，水通过自身的变化在景观中发挥着重要的作用，例如改善环境、调节小气候、减少噪声等。

不同的水景带给人们的感受相同。水景可以使人们在思想和情感上产生共鸣，体现了人们的精神追求。

### 1. 常见的水景类型

（1）涌泉。

水由下向上，不做高喷，称为涌泉。涌泉常常与雕塑小品结合，或设置在大面积水域中，增加动感。

（2）跌水。

跌水类似瀑布，表现了水的纵向跌落过程。跌水在纵向的立体空间上有着很好的表现力。

（3）叠水。

叠水是指水分层连续跌落，更适用于平面水景。

（4）管流。

管流是指水由外露式出水管流出，出水管可按阵列方式排布。管流水呈线状，有着细水长流的轻松、愉悦感。灵动的水声像歌声一样曼妙。

（5）溪流。

溪流蜿蜒曲折，是石间、草丛中的潺潺流水形态。根据环境功能和艺术要求，溪流可设计成时分时合、时隐时现、时急时缓的流水。溪流可以分割空间，联系景物，引导游览，引人入胜。它是水景中常用的形态。

（6）水幕。

水体沿着特殊的线流动，由于水孔较细小、单薄，流下时仿若水的帘幕。水幕在使空气变湿润的同时不会喷洒到四周，可以起到配合室内设计的作用。水幕通过人工控制可以达到艺术效果，满足人的亲水要求。

（7）冷雾喷泉。

冷雾喷泉利用高压造雾系统将净化后的水滴以 1 ～ 15 μm 的细雾形式喷射出来，似自然雾漂浮在空中，亦真亦幻，让人如临仙境，心旷神怡。冷雾喷泉产生的大量负氧离子能使空气新鲜湿润，改变局部小气候。雾气在迅速蒸发的同时吸收热量，达到降温的效果。

### 2. 常见水景地砖材料

常见水景地砖材料有黑金沙、彩釉砖、鹅卵石等。

### 3. 水景工程施工

水景工程施工流程见图 2-9。

（1）定点放线。

根据图纸找出铺装所需坐标点，从原点方向进行测量，在边框上做好标记，进行挂线，在交叉点处放置定位桩。

（2）开挖夯实。

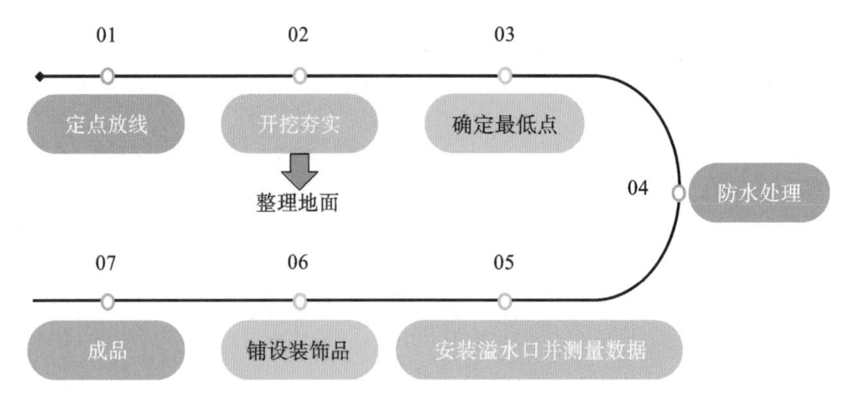


图 2-9　水景工程施工流程



在根据定位桩所确定的范围内开挖基槽。开挖后，要保证基槽内平整。开挖过程中若有坡度，要保证坡度不大于 45°。基槽标高应高于设计要求标高 1 cm。

（3）确定最低点。

确保最低点与图纸标注一致。

（4）防水处理。

铺设过程中，防水布应完整、无破损。铺设防水布时应根据水景形状进行切割，并在边缘处开槽将其掩埋。

（5）安装溢水口并测量数据。

根据图纸标注的位置安装溢水口，测量好溢水口处的标高。确保溢水口能够顺畅排水，防止水从别处溢出。

（6）铺设装饰品。

铺设过程中要保证防水布干净、整洁、无裸露、边缘曲线顺畅，卵石无摞压。

（7）成品。

## 二、置石工程

### 1. 景石的选择要点

（1）选择具有原始意味的景石，如未经切割并显示出风化痕迹的石头；被河流、海洋强烈冲击或侵蚀的石头；生有锈迹或苔藓的岩石。这样的景石能给人平实、沉着的感觉。

（2）景石颜色应尽量选择蓝绿色、棕褐色、红色、紫色等柔和的色调。白色缺乏趣味性，金属色容易使人分心，均应避免使用。

（3）象形石头或具有特殊纹理的石头最为珍贵。

（4）应选择自然形态的景石，不宜选择经过机械打磨、过于匠气的石头。

（5）造景选石时无论石材的质量如何，石种都必须统一，不然会使局部与整体不协调，导致总体效果不伦不类、杂乱不堪。

（6）造景选石无贵贱之分，可就地取材，随物赋形，最有特色的石材也最为可取。置石造景不应用名贵的奇石生拼硬凑，而应以自然之理组合山石成景。这样的景观才富有自然活力。

2. 景石的放置

景石的放置应力求平衡稳定，给人宽松、自然的感觉。每一块景石都应埋入水中或土壤中，仿佛自然生长出来的。若一块景石只有基部的一角插入土壤或水中，看起来仿佛就要倾倒，容易产生紧张感，并缺乏稳定性。这样置石是不合理的。设计中无法做到绝对合适的置石，应靠长期积累的经验来考虑。

## 第五节　植物造景施工基础及养护工程



### 一、植物造景施工基础

1. 植物造景概述

植物造景以自然植物群落的种类、结构、层次和外貌为基础，通过艺术手法充分发挥其形体、线条、色彩等自然美，形成山水－植物、建筑－植物、街道－植物等综合景观。

植物景观主要指自然界的植物群落、植物个体所表现出来的形象。这种形象通过人们的感官传到大脑皮层，使人产生一种美的感受和联想。植物景观包括人运用植物题材来创作的景观。

完美的植物景观既要满足植物与生态环境相适应，又要通过艺术构图原理体现出形式美和意境美。这是植物造景的一条基本原则。如果所选择的植物无法适应种植地点的生态环境，植物就会生长不良或不能存活，也就不能达到造景的要求。如果所设计的植物群落不符合自然植物群落的发展规律，也就难以达到预期的艺术效果。

不同环境中生长着不同的植物。因水分不同，植物景观可形成水生、湿生、沼生、中生、旱生等类型。因光照不同，植物景观可形成阳性、阴性两种类型。不同基岩、不同性质的土壤能培育出不同的植物景观。

2. 植物造景原则

合理配置植物是实现生态功能的重要基础。因此，在植物造景时应遵循如下原则。

（1）根据城市及绿地的不同性质发挥植物的综合作用。

植物具有美化环境、改善防护及经济生产三方面功能。在进行植物造景时，应根据城市性质或庭院类型明确植物要发挥的主要功能。不同性质的城市选择不同的树种，体现不同的功能。如以工业为主的城市，应充分考虑树种的防护功能。此外，不同的庭院功能不同，要结合其功能营造不同的植物景观。

（2）根据植物生态要求，处理好种间关系。

植物生长的空间是环境，任何植物生长发育都不能脱离环境而单独存在。同样，环境中所包含的各种因子对植物生存有着不同的影响。植物生长情况与后期管理固然相关，但栽植前对生态环境的预测、植物之间的搭配将直接关系到植物的成活率。

所以必须掌握各种植物的生态习性，培育不同类型的植物品种。

（3）植物造景的艺术性原则。

好的艺术是人们的主观感情和客观环境相结合的产物。不同的环境决定了不同的立意方式。节日广场应营造出欢快、喜庆的氛围，以暖色调为主；烈士陵园应以庄严、肃穆为基调，以冷色调为主。植物造景在保持特色的同时，要兼顾每种植物的形态、色彩、风韵、芳香等要素，考虑到内容与形式的统一。

（4）处理整体与局部、近期与远期的关系。



在植物造景中，整体与局部的协调统一尤为重要。要根据项目设计主题进行挑选、搭配。同时，植物造景还要与周边其他的设施、小品、建筑形成良好的组合关系。此外，植物生长发育需要一段时间，要想充分发挥其艺术效果，除考虑整体美学构图的原则外，还应充分了解植物的生长规律，考虑速生树种与慢生树种相互配置，增强植物群落的演替更新。

（5）以小见大，适当造景。

改变地形高低、比例、尺度、外观形态等可以创造出丰富的地表特征，为景观变化提供基质。较大的场景需要宽阔、平坦的绿地来展现宏伟的气势；较小的场景可从水平和垂直两个方向打破整齐划一的感觉。进行适当的微地形处理，可创造更多的植物景观层次。

（6）因景制宜，融建筑于环境之中。

植物景观必须与建筑景观相协调，以消除建筑与环境的界限，协调建筑与周边环境的关系，使建筑与植物景观融为一体，体现崇尚自然、向往自然的心理。

**3. 植物造景施工方法**

土壤是植物赖以生存的基础。土壤性状决定了植物生长状况。土壤条件好的地方，植物的成活率高，生长茂盛，绿化效果明显。土壤质量的一般要求如下：草坪种植区域要求深度在 15 cm 内的土壤中不得含有直径大于 2 cm 的石块、杂质等；灌木种植区域要求深度在 30 cm 内的土壤中不得含有直径大于 4 cm 的石块、杂质等；表层土要求深度在 120 cm 内的土壤中不得含有直径大于 25 cm 的石块等。土壤以微酸性砂质壤土为佳。若地域土壤不能满足土质要求，应采取穴土置换及施有机肥、化学药剂等改良措施。

植物生长的覆土要求如下：乔木的种植土厚度为 0.9 m 及以上；灌木的种植土厚度为 0.4 ~ 0.8 m；花卉的种植土厚度为 0.3 m 左右；草坪的种植土厚度为 0.2 ~ 0.3 m。除此之外，水生植物对水深也有要求。沉水植物一般要求水深 150 cm 以内。挺水植物一般要求水深 100 cm 以内。下面对不同植物的施工方法进行详细讲解。

1）乔木

（1）施工工艺流程。

①熟悉图纸。根据设计图纸，做好前期准备工作，初步判断乔木的种植密度、规格能否达到设计效果，种植区域内的林缘线是否顺畅及具有凹凸感和景深感，植物天际线是否流畅，植物层次是否鲜明、有高低错落感，植物的生长习性是否符合当地土壤、气候等生长条件。根据上述要求做好记录，对不合理之处及时进行沟通解决。

②现场放大样。按照设计图纸要求，在现场用不同尺寸的竹竿或木棍等模拟乔木的位置，然后插在泥土上做标记，以增强空间感，判断植物的疏密及位置关系。

③选苗。对场地内的大乔木、亚乔木进行精挑细选，并附上照片以便对比。选择乔木时，重点在于高度、蓬径，在胸径相差微小时可适当放宽对胸径的要求。乔木的偏冠值一般应在蓬径的 10% 以内。对现场选好的苗木做好标识，并确定苗木进场时间，规定运输要求。



④苗木定位放样。根据选好的苗木形状，在种植现场确认种植位置是否合适。若有相关联的景观元素（如景石），则配合景观元素来确定种植位置。

⑤挖种植穴。确定好种植位置后，即开始挖种植穴。除特大乔木外，种植穴要求挖成圆形，直径比乔木土球直径大 50 ～ 60 cm，深度要比土球深 20 ~ 40 cm。

⑥苗木进场。当准备工作完成后，苗木即可进场。进场过程中注意以下事项。

a. 苗木装车。在挖好乔木土球并绑扎后（土球及树冠均已绑扎），将苗木人工运到运输车辆边，用起吊机或专业工具将乔木吊装上车，严禁人工随意装车，以免破坏土球。每吊装一棵乔木后，用粗的木棍将土球两侧卡住，避免土球在运输过程中发生晃动。在装车时，不得超载，不得将乔木枝干伸出车两侧，以免造成乔木损伤。

b. 苗木运输。在装车完成后，用遮阳网、稻草等将乔木土球、树干、树叶等盖住，然后用绳子绑扎好，避免阳光直射造成植物脱水。若苗圃地离种植现场较近，可不覆盖。

c. 苗木卸车。在车辆到达现场指定地点后，组织吊机、专业吊装人员等开始卸车。若有条件，最好直接将乔木吊至种植穴内。在吊装时要求用专业的吊装带，并在绑扎时用稻草、土工布等软性材料将树干缠绕好再绑绑带，以免损伤树皮。

⑦植物修剪。植物修剪包含两方面内容，即修剪枝条和树木整形。

a. 修剪枝条。乔木在移植过程中，根部遭到严重的损伤，造成乔木水分吸收不足，不能满足原有枝条及叶片的水分需求，必须除去大部分小枝条及叶片（小枝条及叶片的水分挥发最多）。修剪过程中，首先剪去枯死、受损的枝条；其次，乔木必须全冠种植，为确保成活率可修剪内膛枝；再次，去除当年生嫩枝、嫩叶，因为嫩枝、嫩叶的水分挥发量大，且容易被日光损伤；最后适当摘除一部分叶片，一般落叶乔木的叶片最多保留 1/3，常绿乔木的叶片保留 1/2（桂花、茶花等可保留 2/3），具体可视土球、气候、植物的生长习性等因素确定保留叶片的数量。

b. 树木整形。在种植广卵形、圆形、宝塔形树种时要确保其形状饱满、匀称。若进场的苗木略微偏冠，就可在修剪时将饱满一侧多修剪些，不饱满一侧多保留些，以达到匀称的效果。

⑧种植、浇水。

在植物修剪完成后，用事先准备好的稻草绳将大树的枝干缠绕起来（要求缠绕结实），缠绕的高度没有具体的标准，一般大乔木的缠绕高度在树高的 1/3 处，中小型乔木的缠绕高度在树高的 1/2 处。

将场地内的优质种植土同营养土按 1 ∶ 1 的比例拌匀，拌匀后放在一旁备用。种植热带植物时，要求用 1/3 砂土、1/3 黄砂、1/3 青石子来拌营养土。

剪去稻草绳（土球上绑扎的除外），同时修剪露出土球的根系，对直径大于 2 cm 的断根进行防腐处理。



将树冠饱满、密实的一侧朝向主观赏面。若从多角度观赏，应从整体考虑，将饱满的一侧朝向人流多的部位。

使用直径为 110 mm 的 PVC 排水管（两侧钻孔），将其上、下两端用土工布包住埋入土球旁边。排水管的数量可根据土球的尺寸来确定，一般是 2 ~ 4 根。

将预先拌好的种植土回填至种植穴内，注意要分层夯实。若土球较大，分层回填至土球高度的 2/3 后应及时灌水，将土球浸湿，同时将土方压实，然后再回填至土层表面。

填土完成后，应立即用周边土壤围成水堰以便于蓄水。围堰直径一般比土球直径大 40 ~ 60 cm，围堰高度一般超过土层表面 6 ~ 10 cm。种植完成后，第一次定根水要浇足、浇透，然后视天气情况每周浇水 2 ~ 3 次，每次浇水需要将土球全部浸湿。若天气干燥，则需要每天对叶面进行喷水。

⑨支撑。干径 15 cm 及以上的乔木必须用井字形支撑，干径 10 ~ 15 cm 的乔木可以用井字形支撑和三角形支撑，干径 10 cm 以下的乔木用扁担撑，行道树必须全部采用井字形支撑。支撑木要求用 8 ~ 15 cm 刨皮并油漆（墨绿色）的圆杉木，特大乔木可选用毛竹支撑或钢丝绳支撑。乔木支撑高度要求如下：扁担撑统一采用 10 ~ 12 cm 圆杉木，支撑点距地面 80 cm，立桩间距一般为 1 ~ 1.2 m；三角形支撑统一采用 10 ~ 12 cm 圆杉木，支撑点距地面 1.2 m；井字形支撑采用 12 ~ 15 cm 圆杉木，支撑点视乔木大小及植物分枝点的高度而定，一般距地面 2 ~ 2.5 m。支撑木的下脚要求埋入土壤 15 ~ 20 cm，并在底端放一块石头。

⑩清理。在完成以上工作后，将种植穴周边的枯枝残叶、石块等杂物清理干净，保持现场的整洁。

（2）施工要求及注意事项。

①支撑木立足点不得在乔木的土球上。在为乔木支撑前，要先检查乔木的形态是否端正、树干是否垂直，否则要先进行调整。同一区域内的乔木支撑高度必须相同，且支撑的方向和角度尽量保持一致。

②在高温季节种植乔木时，应根据情况确定是否需要搭遮阳篷等。在搭设过程中，遮阳网应架空，距离树冠 50 cm，不得直接贴在树叶及枝条上。

③乔木修剪以设计要求为准，不得过度修剪。

④乔木进场前，要准备好稻草绳、皮管、铁丝、支撑杆等物品。

⑤在运输乔木时，不得用油布等不透气的雨布盖住植物。

⑥在吊装乔木时，一定要选用吊装带吊装，不得用绳子代替。

⑦修剪乔木时要悬空修剪，避免遗漏。

⑧根据植物的生长情况，确定是否需要输营养液。

2）灌木

（1）施工工艺流程。

①熟悉图纸。根据设计图纸，做好准备工作，初步判断灌木的种植密度、规格能否达到设计要求；判断种植区域内的灌木色彩搭配是否合理，植物叶形对比是否明显，植物配置的层次是否丰富。

②现场放线。根据图纸尺寸，若要求灌木按规则的形状布置，可借用卷尺拉成规则的形状并放线；若要求灌木按自然的形状布置，可先用石灰勾勒出轮廓，然后用电缆线或细麻绳等柔性工具形成线条，若不满意可随时调整。

③苗木进场。因灌木资源丰富，应尽量选用本地采购的苗木，可大大缩短从起苗到种植的时间，并能提高灌木的成活率。在夏季高温季节种植时，运输过程中必须用遮阳网覆盖表面，避免阳光灼伤苗木。

④灌木种植。灌木种植以相邻苗木的叶片能搭接为标准，且相邻两排灌木应按照梅花形种植；种植时要求灌木垂直端正，根部土壤回填密实、牢固，避免浇水导致灌木倾斜。种植在外围的灌木要求分枝点低、枝条密实，不得出现露根等现象。对于不同品种的灌木，其种植的交接面应稍留空隙（一般为 8 ～ 10 cm)，但要求空隙均匀并与灌木的线形一致，保持线条的流畅。

⑤修剪。一般要求剪除当年生的嫩叶和嫩枝，具体标准视品种而定。修剪完成后，应将灌木上的残叶、断枝清理干净。修剪时灌木的表面应保持整齐、平整，对于按规则的形状种植的灌木应拉线修剪，确保顶部和外侧整齐。

⑥浇水。第一次定根水应浇足、浇透，叶面要湿润，而后视季节、天气等因素确定浇水次数和浇水量。注意浇水时不得用皮管直接近距离冲向灌木，否则容易把灌木冲倒。应将皮管内的水压调至合适程度，将皮管放在土壤上，待地面慢慢泡湿后再将皮管内的水均匀地洒于叶面上。

⑦清理。种植完成后，应及时将周边的石块、垃圾及修剪下来的枝条和叶片清扫干净。

（2）施工要求及注意事项。

①在起苗时，要求带土起苗，并用黄绳包扎好。

②地形设计要考虑排水效果和雨水井的分布情况。

③种植灌木的土壤要用泥炭土进行改良，土壤改良的深度不得小于 10 cm（泥炭土与种植土的比例为 3 ： 5）。

④靠近铺装面或草坪的灌木种植要整齐且有层次，由铺装面或草坪边向内递增，线形分明，呈直线或规则式曲线。

⑤种植灌木后要及时清理地面垃圾和大的土块，不能留有直径超过 3 cm 的石块等垃圾。

⑥靠近硬质铺装地面的灌木完成面土层标高要低于硬质铺装地面 2 cm，以防止泥土散落到硬质铺装地面上，且种植灌木的地面要用泥炭土覆盖。



⑦灌木修剪以设计要求为准，不得过度修剪。

3）花卉

（1）翻土。在完成灌木种植、管线敷设后，将花卉区域表面 30 cm 内的土壤全部翻耕一次，并将块状土壤敲碎，将准备好的营养土按 1 ： 1 的比例倒入土中拌匀，然后用细齿耙耙平。将石块、杂质清理干净，将土壤颗粒粒径控制在 1 cm 内。

（2）种植。种植花卉时，根据放样的弧线，由内向外开始种植。种植时，相邻花卉之间留缝不可过大，要求无露土现象。花卉与灌木边缘衔接时，花卉的边缘线应同灌木的边界线平行，两者之间不可出现露土现象。靠近园路边缘时，应选用形态较矮、舒展型的花卉，使其与园路自然衔接，不露土，保持整齐、美观，种植深度与原种植深度一致。

（3）浇水。在浇水时要用细孔喷头长时间浇灌，使花卉与土壤充分湿润，严禁用大流量水冲击花卉。在浇水过程中，应用木板垫在脚下。皮管至少应由 2 人同时悬空移动，严禁在花卉上直接拖拉。

（4）清理、围护。在种植完成后，将多余的花卉、垃圾或稻草等清理干净，并用警示带、警示标语做好围护，严禁人员进入绿化区域。

4）草坪

（1）施工工艺流程。

①翻土。在灌木种植、管线敷设完成后，将草坪区域表面 30 cm 内的土壤全部翻耕一次，并将块状土壤敲碎，将准备好的营养土按 1 ： 1 的比例倒入土中拌匀，然后用细齿耙耙平，将石块、杂质清理干净，将土壤颗粒粒径控制在 1 cm 内。

②摊铺黄砂。将中粗砂均匀地摊铺在土层上，摊铺厚度为 4 ~ 5 cm，注意在摊铺黄砂时不得破坏平整好的场地。在边缘处，黄砂铺好后的高度应比硬质铺装地面低 2 ~ 3 cm。如果土壤本就为砂质土，可取消本步骤。

③滚筒碾压。铺好黄砂后，用专业的草坪滚筒将黄砂压实、压平，要求均匀、多次碾压。

④铺设草坪。铺设草坪应由内向外开始铺。铺种时，相邻两块草坪间的缝隙应不超过 1 cm，注意缝隙应错缝预留，边角处可将草坪撕开铺贴，严禁将草坪上、下层叠加在一起。铺到灌木边缘时，草坪的边缘线应同灌木的边界线平行，并保留 10 cm 的缝隙。靠近园路边缘时，应选用整块的草坪与园路平行、整齐铺贴，确保草坪铺贴得整齐、美观。

⑤浇水。在浇水时要用中小流量的水长时间浇灌，使草坪与土壤充分湿润，严禁用大流量的水直接冲击草坪。在浇水过程中，应用木板垫在脚下。皮管至少应由 2 人同时悬空移动，严禁在草地上直接拖拉。

⑥二次碾压。在完成浇水 5 ~ 6 小时后，草坪经踩踏不会塌陷时，用滚筒在草坪上进行碾压。碾压时速度不宜过快，每次碾压应重合 15 ~ 20 cm。对滚筒无法到达之处，人工用木板或平板铁锹拍实，使草坪与土壤充分贴合。可进行多次碾压，每次浇水后一定时间内均可碾压，直至草坪平整为止。



⑦清理、围护。在碾压完成后，将多余的草坪、垃圾或稻草等清理干净，并用警示带、警示标语做好围护，严禁人员进入绿化区域。

（2）施工要求及注意事项。

①在铺种草坪前一天，将翻耕好的种植土洒水湿润，使其得到一定程度的沉降，然后再摊铺黄砂。

②草坪与灌木之间要留草坪沟。草坪沟宽 10 cm，并用树皮覆盖。

③靠近硬质铺装地面的草坪，其基层种植土标高要低于硬质铺装地面 5 cm。

④草高超过 7 cm 时必须进行修剪。需要根据养护效果对草坪施肥、施药。

⑤舒适的草坪应自然、顺畅、饱满、整齐，要有草毯的感觉。

5）水生植物

（1）施工工艺流程。

水生植物施工工艺流程同灌木施工工艺流程一致。

（2）施工要求及注意事项。

①对浅水种植的水生植物，一般要求用小卵石将植物根部土壤覆盖，避免雨水冲刷导致土壤流失及污染水质。

②水生植物搭配应丰富，并同岸上的植物相呼应，避免单一种植。

## 二、养护工程

### 1. 植物养护标准

（1）树木长势旺盛。

（2）叶片叶色正常，叶大而肥厚，不黄叶，不焦叶，不卷叶，不落叶，无明显虫屎及虫网，每株植物被虫咬食的叶片不超过 10%。

（3）枝干、树干挺直，倾斜度不超过 10%，枝干粗壮，无明显枯枝、死桩，基本无活的蛀干害虫（或卵），主侧枝上基本无活的介壳虫。

（4）树冠完整、美观，分枝点合适，侧枝分布均匀，枝条疏密适当，内膛不乱，透光。

（5）行道树高度、冠幅及分枝点高度基本一致，无连续两株缺株，相邻 5 株的高差小于 10%。

（6）花灌木着花率高，开花繁茂，无落花、落蕾现象。色块灌木无缺株断行，覆盖度达 100%，色块分明，线条清晰、流畅。

（7）绿篱造型灌木轮廓清晰，表面平整、圆滑，无空缺，不露枝干，不露捆扎物。

（8）藤本植物分布合理，枝叶覆盖均匀，附着牢固，覆盖度在 85% 以上。

（9）草花生长健壮，花繁叶茂，无残花败叶。花坛整洁、美观，四季有花，层次分明，图案清晰，色彩搭配适宜。

（10）草坪生长茂盛，叶色正常，基本无秃斑，无枯草层，无杂草，无病虫害，覆盖度在 98% 以上，高度经常保持在 5 cm 左右。



2. 植物养护措施

（1）浇水、排水。

①浇水应考虑到植物的生物学特性、季节、土壤干湿程度等，做到适时、适量、不遗漏。每次浇水要浇足、浇透。

②一般乔木需要连续浇水 3 年，灌木需要连续浇水 5 年。若土壤质量差、树木生长不良或遇干旱年份，应延长浇水时间。

③地栽宿根花卉浇水时以土壤不干燥为准。喷灌设施每次开启时间不少于 30 分钟，根据地面是否有径流来确定是否关闭。

④夏季应在早晨和傍晚浇水，冬季宜在午后浇水。

⑤雨季应注意排涝，及时排除积水。

（2）施肥。

①为确保植物正常生长发育，要定期对植物进行施肥。施肥应考虑到植物的种类、立地条件、生长情况及肥料种类等，做到适时、适量、不遗漏。

②定植 5 年以内的乔灌木、生长不良的树木、木本花卉、草坪及草花等应进行施肥。肥料分基肥、追肥两类：基肥一般为有机肥，在植物休眠期内施加；追肥一般为复合肥，在植物生长期内施加。有机肥应在充分腐熟后施用，复合肥应在溶解后再施用。复合肥一定要撒匀，用量宜少不宜多，施后必须及时、充分浇水，以免伤根、伤叶。

③基肥的一般用量如下：乔木不少于 500 g/ 株；色块灌木不少于 250 g/m$^2$；草坪不少于 150 g/m$^2$。追肥的一般用量如下：乔木不超过 250 g/ 株；色块灌木不超过 30 g/m$^2$；草坪不超过 10 g/m$^2$。

（3）修剪。

①修剪应考虑到树种习性、设计意图、养护季节、景观效果等，达到均衡树势、调节生长、美化形态的目的。

②修剪包括除芽、疏枝、短截、更冠等技术。

③养护性修剪分常规修剪和造型修剪两类。常规修剪以保持自然树型为基本要求，按照“多疏少截”的原则及时剥芽，合理短截并修剪内膛枝、重叠枝、交叉枝、下垂枝、腐枯枝、病虫枝、徒步长枝、衰弱枝和损伤枝，保持内膛通风、透光，树冠丰满。造型修剪以剪、锯、捆、扎等手段，将树冠整修成特定的形状，达到轮廓清晰，树冠表面平整、圆滑，无空缺，不露枝干，不露捆扎物的效果。

④修剪乔木时一般只进行常规修剪。对于主、侧枝尚未定型的树木，可采取短截技术使树木逐年形成三级分枝骨架。庭荫树的分枝点应随着树木生长逐步提高，树冠与树干高度的比例应为7 ：3 ~ 6 ：4。同一路段行道树的高度、冠幅及分枝点高低应基本一致，上方有架空电线时，应按电力部门的相关规定及时剪除影响电力安全的枝条。



⑤修剪灌木时一般保持其自然姿态，疏剪过密枝条，保持内膛通风、透光。对丛生灌木的衰老主枝，应本着“留新去老”的原则培养徒步长枝或分期短截老枝。对于观花灌木和观花小乔木，应掌握其花芽发育规律，于早春新枝萌发前当年短截上年的开花枝条，促使新枝萌发。对当年形成花芽、次年早春开花的花木，应在开花后适度修剪。对着花率低的老枝要逐年进行更新。对多年生枝上开花的花木，应培养老枝，剪去过密新枝。

⑥绿篱、造型灌木、色块灌木一般按造型修剪的方法进行修剪，按照规定的形状和高度修剪。每次修剪应保持轮廓清晰，表面平整、圆滑。修剪后新梢生长超过 10 cm 时，应进行第二次修剪。若生长过密，影响通风、透光，要进行内膛疏剪。当生长高度影响景观效果时，要进行强度修剪。强度修剪宜在休眠期进行。

⑦每年常规修剪藤本植物一次，每隔 2 ~ 3 年应理藤一次，彻底清理枯死藤蔓，理顺分布方向，使其分布均匀、厚度相等。

⑧修剪草花时要掌握各种花卉的生长、开花习性，用剪梢、摘心等方法促使侧芽生长，增加开花枝数。要不断摘除残花、黄叶、病虫叶，增强花繁叶茂的观赏效果。

⑨草坪的高度应保持在 5 cm。当草坪高度超过 8 cm 时，必须进行修剪。结缕草修剪频率不低于 5 次 / 年。

⑩在冬季休眠期对落叶乔木进行修剪，在生长期对常绿乔木进行修剪。按养护要求对绿篱、造型灌木、色块灌木、草坪等及时进行修剪。

⑪乔木修剪频率不低于 1 次 / 年，绿篱、造型灌木修剪频率不低于 12 次 / 年，色块灌木修剪频率不低于 8 次 / 年。

（4）病虫害防治。

①要全面贯彻“预防为主，综合防治”的方针，掌握植物病虫害的发生规律，对可能发生的病虫害做好预防。对已经发生的病虫害要及时治理，防止其蔓延成灾。病虫害

发生率应控制在 10% 以下。

②病虫害的药物防治要根据树种、病虫害种类和具体环境条件进行，正确选用农药种类、浓度和使用方法，使之既能充分发挥药效，又不产生药害，减少对环境的污染。

③喷药应呈雾状，做到由内向外、由上向下，叶面、叶背喷洒均匀，不留空白。喷药应在无风的晴天进行，阴雨天气或高温炎热的中午不宜喷药。喷药时要避开人流高峰时段。喷药后要立即清洗药械，不准乱倒残液。

④对药械难以喷到顶端的高大树木，可采用树干注射法防治。

⑤施药要掌握有利时机，在害虫孵化期或幼虫三龄期之前施药最为有效。对于真菌病害，要在孢子萌发期或侵染初期施药。



⑥挖除地下害虫时，深度应为 5 ~ 20 cm，接近树根时不能伤及根系。人工刮除树木上的介壳虫等虫体时，要清除干净，不得损伤树枝或树干内皮。刮除树木上的腐烂病害时，要将受害部位全部清除干净，对伤口进行消毒并涂抹保护剂。要及时收集烧毁刮落的虫体和带病的树皮。

⑦要妥善保管农药。施药人员应注意自身的安全，必须按规定穿戴工作服、工作帽，戴好口罩、手套及其他防护用具。

⑧梅雨季节的雨水往往比较多且集中，如果排水不及时，容易造成灌木根部积水和烂根，雨季过后，一旦温度回升，会致使霉菌迅速滋生繁衍。此类现象的出现会导致灌木大面积遭受病菌感染，如果防治不及时，将会直接影响灌木的成活率。因此，雨季的霉病防治工作是值得关注和重视的。霉病防治工作应该在雨后立即进行。首先需要排除绿化带中的积水；其次根据植物类型对症下药，灌木应使用立枯净兑恶霉灵，采取喷药的方式进行治理，乔木类应在根部、树冠的投影部位开孔灌入多菌灵溶液进行消毒防治。完成初步防治后应注意观察植株的变化，并结合具体情况采取进一步的防护措施。

（5）松土、除草。

①土壤板结时要及时进行松土，松土深度以 5 ～ 10 cm 为宜。草坪应用打孔机松土。

②遵循“除早、除小、除了”的原则，随时清除杂草。除草必须连根剔除。绿地内应做到基本无杂草，草坪的纯净度应在 95% 以上。

（6）补栽。

①保持绿地植物的种植量，缺株断行时应适时补栽。补栽应使用同品种、基本同规格的苗木，以保证补栽后的景观效果。

②草坪秃斑应随缺随补，保证草坪的覆盖度和致密度。补草可采用点栽、播种和铺设等不同方法。

（7）扶正、支撑。

①应对倾斜度超过 10% 的树木进行扶正，落叶树在休眠期进行扶正，常绿树在萌芽前进行扶正。扶正前应先疏剪部分枝丫或进行短截，确保扶正树木能够成活。

②应对新栽大树和扶正后的树木进行支撑。同一路段或区域内的支撑材料应当统一，支撑方式要规范、整齐。支撑点高度应超过树高的 1/2，在支撑点与树干接触处应铺垫软质材料，以免损伤树皮。每年雨季前要对支撑进行一次全面检查，松动的支撑要及时加固，嵌入树皮的捆扎物要及时清除。

## 第六节 水电安装工程施工基础

1. 水电安装工程施工要求

（1）基础开挖深度不小于 400 mm。

（2）基础夯实，要求人踩无明显下陷。

（3）管线预埋前砂石覆盖厚度不小于 50 mm，夯实，要求人踩无下陷。

（4）管线预埋要求一步到位。管线应尽量走直线，统一采取直角转弯方式，焊接及粘贴必须严实。

（5）管线排布完成后砂石覆盖厚度不小于 80 mm，夯实，人踩无明显下陷。

（6）最终覆土夯实并浇水测试，要求人踩无明显下陷。

（7）预埋完成后，对出水口及线头做成品保护，用管盖密封。

2. 水路安装步骤

（1）确定给水点和排水点点位。

（2）确定管路走向，埋管焊接。

（3）寻找合适的点位安装冬季泄水阀。

（4）所有水管安装好后进行打压试验，保证无漏点后埋管。

3. 电气照明系统安装步骤

（1）预留预埋。

电气照明系统采用 PVC 阻燃管预埋地下，根据现场施工图在各灯位开挖沟槽。

（2）安装。

安装庭院灯、柱灯、草坪灯、射灯等各种灯具。

（3）调试。

电气照明系统调试包括灯具试亮、电路检验、电动空气开关检验等。

# 第三章

# 历届“园林国手杯”景观设计大赛金奖作品解析



本章选取历届“园林国手杯”景观设计大赛金奖作品进行解析。“园林国手杯”景观设计大赛是我国园林景观设计领域的一项重要赛事，旨在发掘和培养优秀的景观设计师，推动我国园林景观设计事业的发展。参赛作品要求充分体现创新性、实用性和美观性，注重环保和可持续发展。参赛者需要根据比赛主题，结合场地特点，进行创新性的景观设计。比赛评委由业内知名专家组成。他们对参赛作品进行严格评审，选出最具创意和实施价值的方案。

## 第一节　《寓苑》解析

### 一、景观设计分析

1. 设计说明

庭院寄托了人对自然的向往。庭院整体园路造型由“卍”字演变而来，寓意吉祥万福。本方案将砌筑、铺装、木作、水景、植物造景五大模块与“卍”字结合，呈现出简约、整齐的新中式风格，在满足基本功能需求的基础上，用植物和微地形弱化整体硬朗的直线条。园中汀步为七块石板，景石为七块，绕主景共七环，因“七”在很多时候也寓意着幸运、美满等。同时，“七”与“齐”同音，也代指齐鲁大地，呼应大赛的主题，并且给予美好的希望与祝福。鸟瞰图如图 3-1 所示。

图 3-1　鸟瞰图



2. 整体设计分析

整体结构设计合理，景观体系完善，描述清晰，构图严谨，主从分明。构图以直线为主，采用了一些中式园林的设计元素，中心水景和植物配置提升了整体氛围感，并且也进行了竖向绿化设计。本方案功能分区明确，充分考虑了使用者的感受。本方案合理配置软景和硬景，在保证设计效果的同时控制成本，满足方案设计要求，可实现性较强，强调了景观的节奏感。平面图如图 3-2 所示。

图 3-2　平面图

3. 景观结构及功能分析

该作品为新中式庭院景观设计作品。庭院内部有明确的功能分区，包括活动休憩区、中心景观区及连接区。设计师在方寸之间对庭院进行了合理的功能布局，整体设计简洁、大方。

庭院四周采用绿植与构筑物组合的方式，对内部空间进行围合。内部空间为私密性的休闲空间，中心景观为岛状花境，外部设置环形园路。花园南侧设置了一个出入口，满足内部交通需求。

4. 动线分析

内部园路为简洁的直线型，沿路铺设各种石材，园路两侧配置了变化丰富的植物。设计达到了步移景异的景观效果，将交通功能与园林形式美合二为一。

庭院动线是人在空间中的行动路线，既要满足交通功能需求，也要满足曲径通幽或豁然开朗的观景需求。竖向效果图如图 3-3 所示。

图 3-3　竖向效果图

方案设计过程中，可将人或物作为参照进行合理性对比。景观搭配应考虑人的视线范围，硬质景观营造应考虑使用者的感官体验。

设计效果图 1 如图 3-4 所示。设计效果图 2 如图 3-5 所示。

图 3-4　设计效果图 1

图 3-5　设计效果图 2

## 二、施工要点分析

1. 铺装工程注意事项

（1）熟悉图纸，通过场地尺寸标注图和放线图了解需要进行铺装的区域，对场地中需硬质铺装的区域进行测量和放线；通过竖向标高图了解铺装地面标高；通过总铺装索引图或部分平面物料图了解铺装材料，并根据铺装材料厚度进行基础夯实。

（2）应用透水砖、大理石等建材时，需要按照施工图铺装纹样提前排砖，在确保最终效果美观的同时，减少切割工作，提高工作效率，节省材料。

（3）铺装缝隙应符合设计要求，铺装结束后用干硬灰回填缝隙。

（4）铺装完成后，注意保护成品。

（5）铺装水景前，需要对鹅卵石进行清洗。

部分平面物料图见图 3-6。

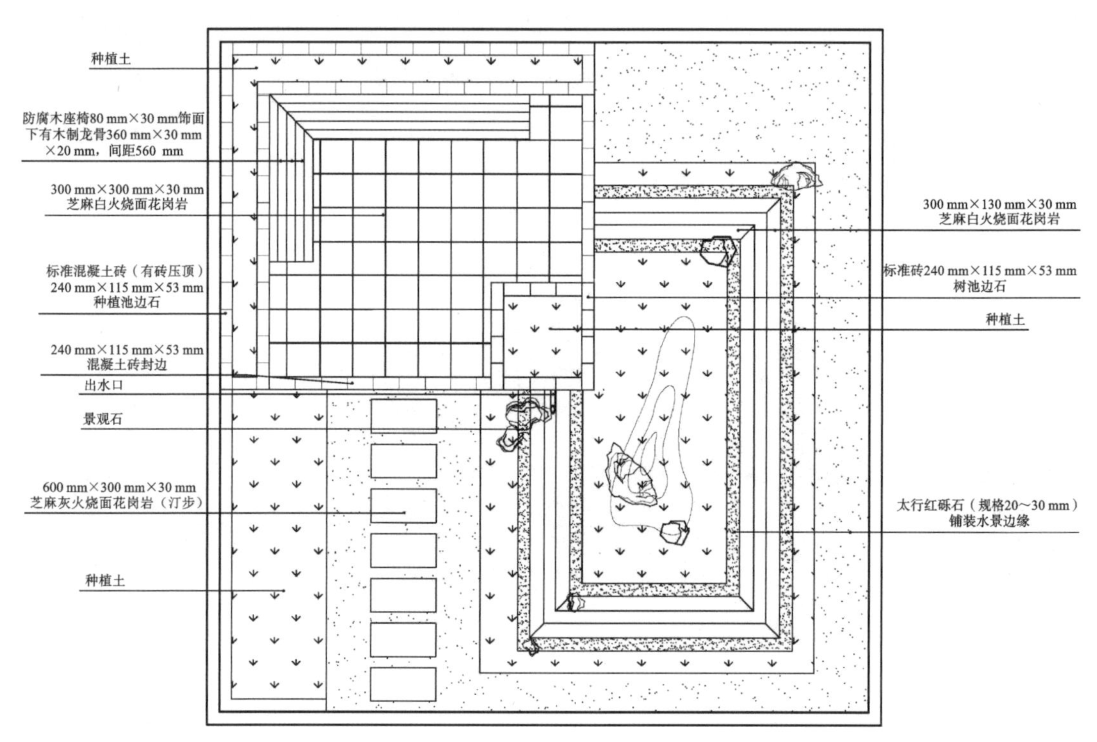


图 3-6　部分平面物料图

2. 砌筑工程注意事项

（1）施工前，砖、砌块应提前两天浇水湿润，不能现浇现用，严禁干砖上墙。

（2）砌筑用砂浆应随拌随用，砂浆要在拌和后 3 小时内用完。当施工期间最高气温超过 30 ℃时，砂浆应在 2 小时内使用完毕。硬化后的砂浆不得再加水搅拌使用。不得使用过夜砂浆。

（3）砌筑过程中，墙体应保持水平、竖直。每砌一层提前排砖，精准计算七分头砖的用量，不可出现通缝、使用过多碎砖等情况。

休憩区节点详图见图 3-7，剖面图见图 3-8。植物总平面放线图见图 3-9。

3. 木作工程注意事项

（1）木材拼接时应注意进行倒角处理，切割后必须打磨边角毛刺。

（2）安装木面板前应注意基础结构尺寸、平整度以及缝隙均匀度。

（3）木面板使用自攻螺丝安装，每块木面板需要钉2颗螺丝，所有木面板螺丝需要在同一条直线上，使整体效果美观。

4. 水景工程注意事项

（1）为打造出自然的效果，水体坡度不宜太大，以免鹅卵石铺设不稳，露出防水膜。

（2）在铺设防水膜过程中不可拖曳，以免尖利异物划破防水膜，导致漏水。

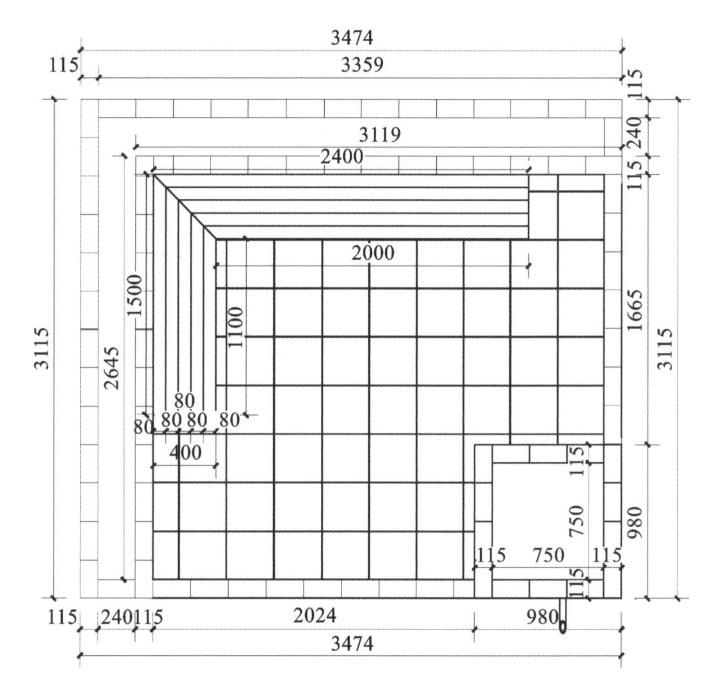


图3-7　节点详图

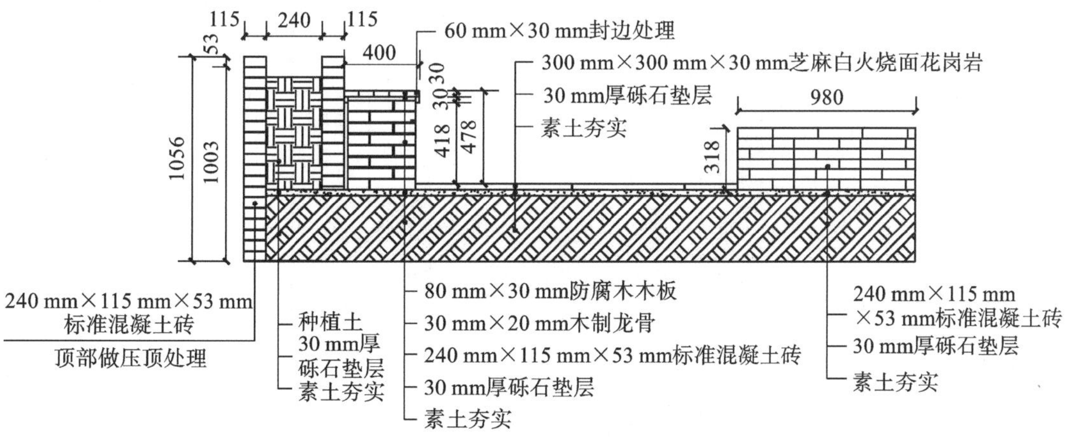


图3-8　剖面图

点评：建议增加与本图对应的苗木表。

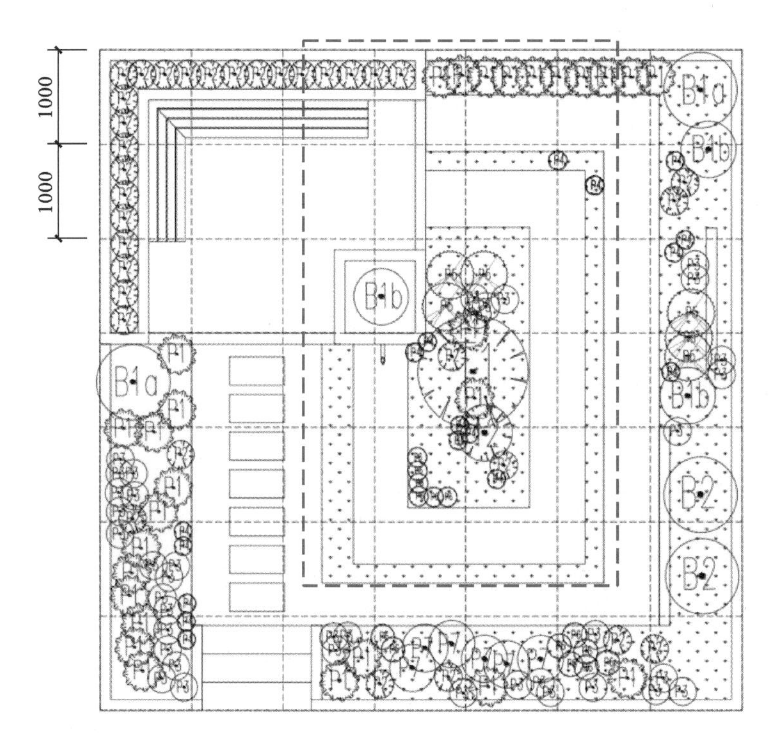


图 3-9　植物总平面放线图

水景详图见图 3-10。

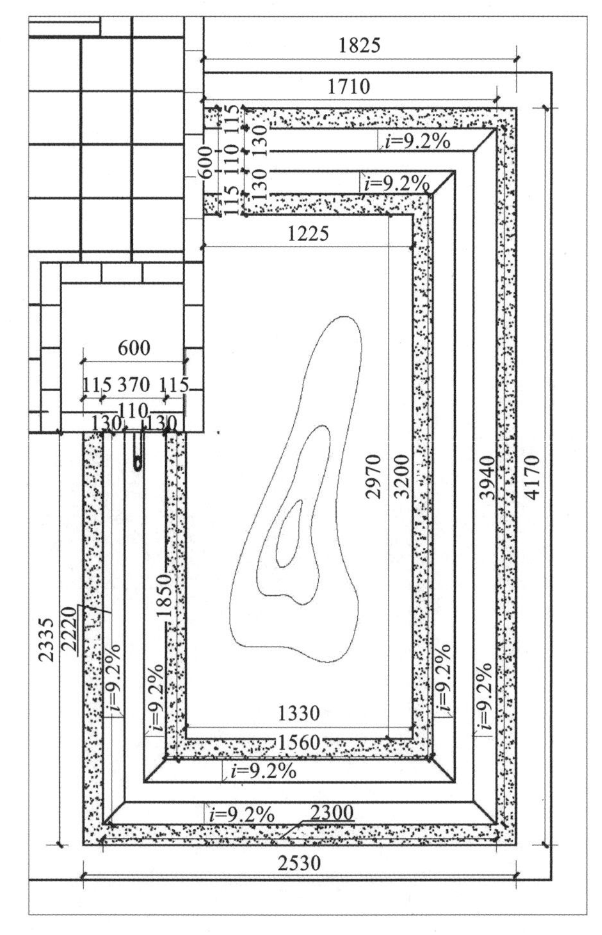


图 3-10　水景详图

5. 植物工程注意事项

（1）植物种植为最后工序。在种植过程中，尽量避免土壤弄脏其他已完工部位，例如本方案中鹅卵石铺设位置与草皮铺设位置拼接处。

（2）本方案中铺设草皮时需要对草皮进行切割处理，依照植物总平面放线图，提前规划铺设方式，避免浪费材料。铺设草皮时中间不可留缝，不可叠压。

（3）依照植物总平面放线图，在理解设计意图的基础上，根据实际提供的植物苗木品种、规格和植株形态进行现场配置。需要考虑气候和植物生长习性等因素，选择合适的植物进行种植。

实际效果图如图 3-11 所示。

图 3-11　实际效果图

## 第二节　《青未了·归岚》解析

### 一、景观设计分析

1. 设计说明

本方案利用绵延的地形，结合昌邑市的奇花异木，形成一步一景的效果，结合场地竖向高差，运用地形、景石和植物营造层峦叠嶂的意境，空间开合有度。水景分为旱溪和水池。旱溪为季节性溪床，配合植物营造出自然溪水的意境。旱溪的材料选择和景观构建兼顾了节水需求，运用景石展现“归岚”主题。旱溪也可以做蓄水溪床，模拟雨季自然溪流的独特景观。人们穿行于旱溪之间，溪水叮咚，视听结合。总平面图如图 3-12 所示。

2. 整体设计分析

整体景观错落有致，庭院功能完善，景观结构完整，符合设计要求。该设计充分考虑了植物特性，合理选用植物营造整体效果，通过动静结合的水景模拟真实自然中多样的流水景观。水景设计模拟自然溪流季节性的变化，合理搭配景石等，贴合设计所在地的风格。设计师也充分考虑了施工工艺、工期等因素。

图 3-12　总平面图



### 3. 景观结构分析

本方案为不规则的中式庭院景观，功能分区明确，满足休憩和观景等基本功能需求。本方案还设置了木制景墙来遮挡外围视线，保证庭院内部空间的私密性。园路蜿蜒于水系之间，连接出入口和休息区。人们游走其中，宛若置身于山水之间。

在地形起伏的场地上进行设计时，应注重充分利用场地特色。

### 4. 动线分析

本方案动线设计的特点是曲径通幽，沿溪而行，蜿蜒的小路引导人的视线，使人感受不同方向带来的视觉变化。

设计效果图如图 3-13 所示。

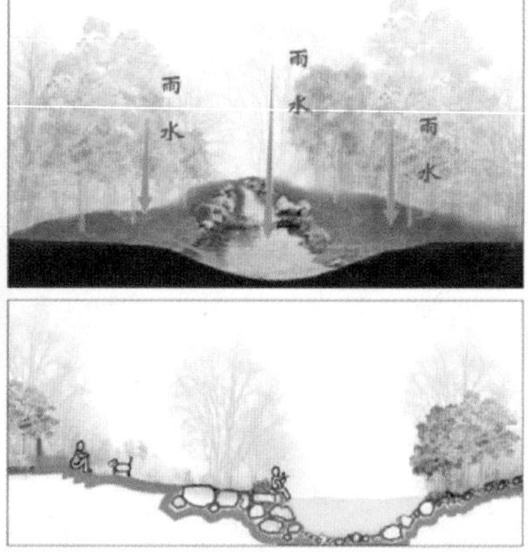


图 3-13　设计效果图

### 5. 节点分析

对水体两侧的坡度进行处理，以收集雨水。

实际效果图如图 3-14 所示。

图 3-14　实际效果图



## 二、施工要点分析

### 1. 铺装工程注意事项

（1）本方案铺装量较大，且运用多种材料，需要熟悉图纸，梳理各种材料的规格，以免在铺装过程中出错。

（2）需要对汀步铺装材料表面进行防滑处理。

（3）水景周围的汀步按弧形铺设，需要提前确定整体圆心，保证铺设缝隙均匀。注意整体标高。

铺装材质如图 3-15 所示。

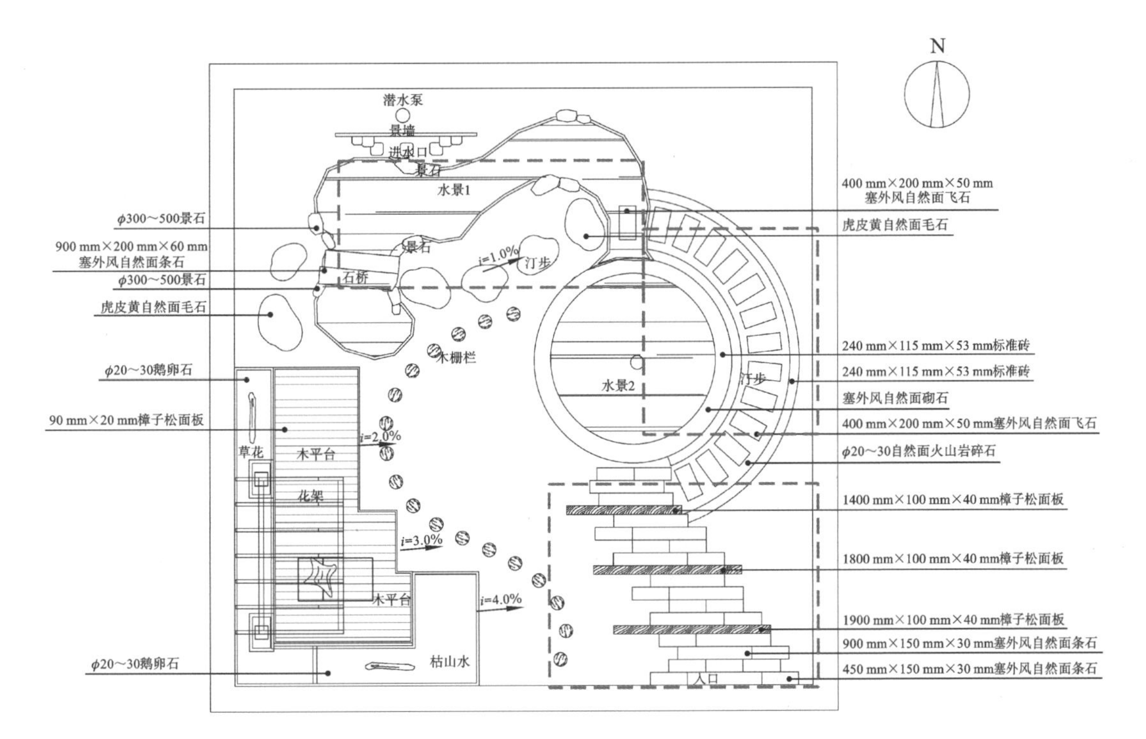


图 3-15　铺装材质

2. 木作工程注意事项

（1）本方案中木作设施结构复杂，包含木平台、木栅栏、花架等，需要按照详图尺寸制作，合理计算材料用量，以免浪费。

（2）木作工程需要注意施工详图中的尺寸及标高要求。

（3）木作部分需要安装预制件，安装过程中需要注意安装顺序及稳定性。

木平台的平面图及剖面图见图 3-16，竖向设计图见图 3-17。

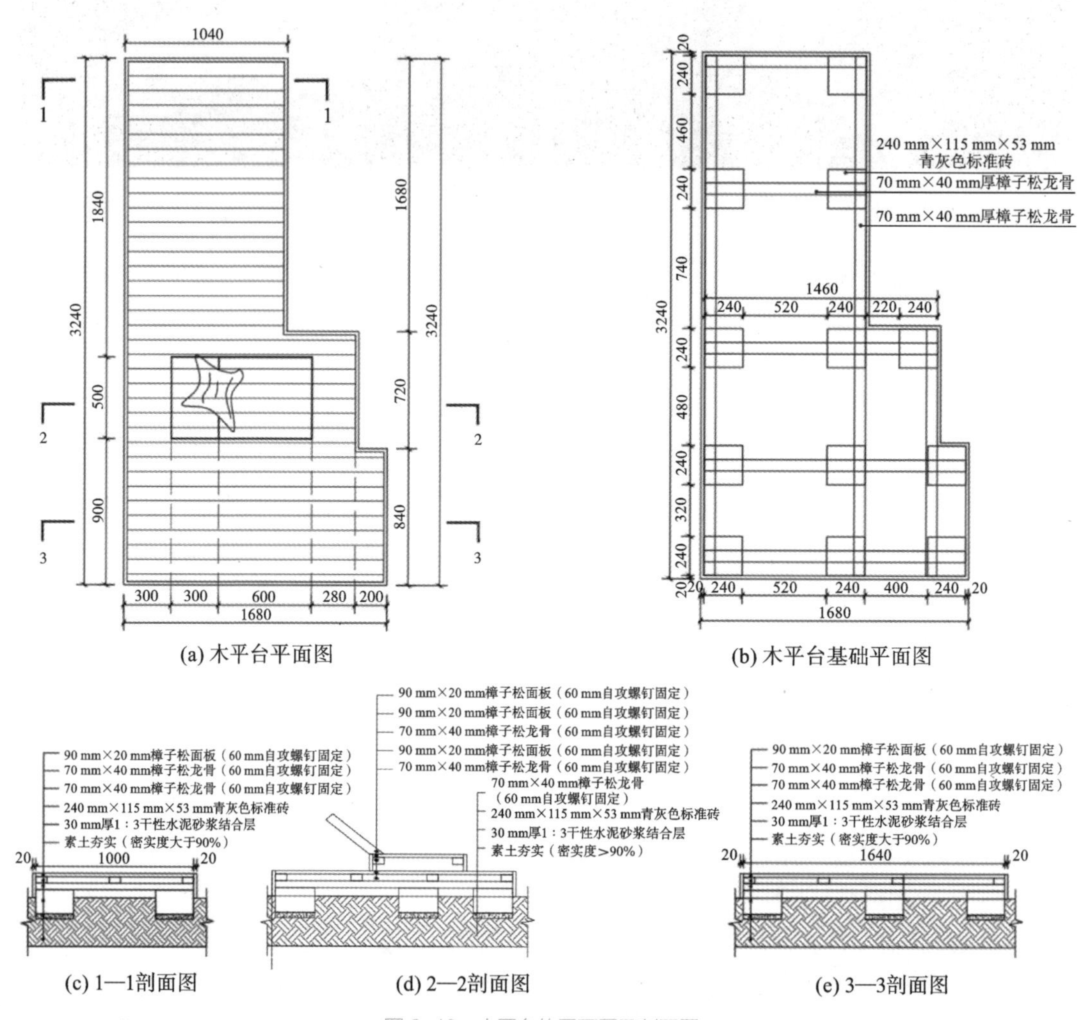


图 3-16　木平台的平面图及剖面图

景墙施工图如图 3-18 所示。

3. 水景工程注意事项

（1）本方案包含规则水景及自然水景，旱溪后续要做雨水池，需要注意进行防水处理。

（2）自然水景需要先按照放线图纸和尺寸图定位，再进行放样。大体造型符合设计图纸即可。

水景 1 平面图及剖面图如图 3-19 所示。

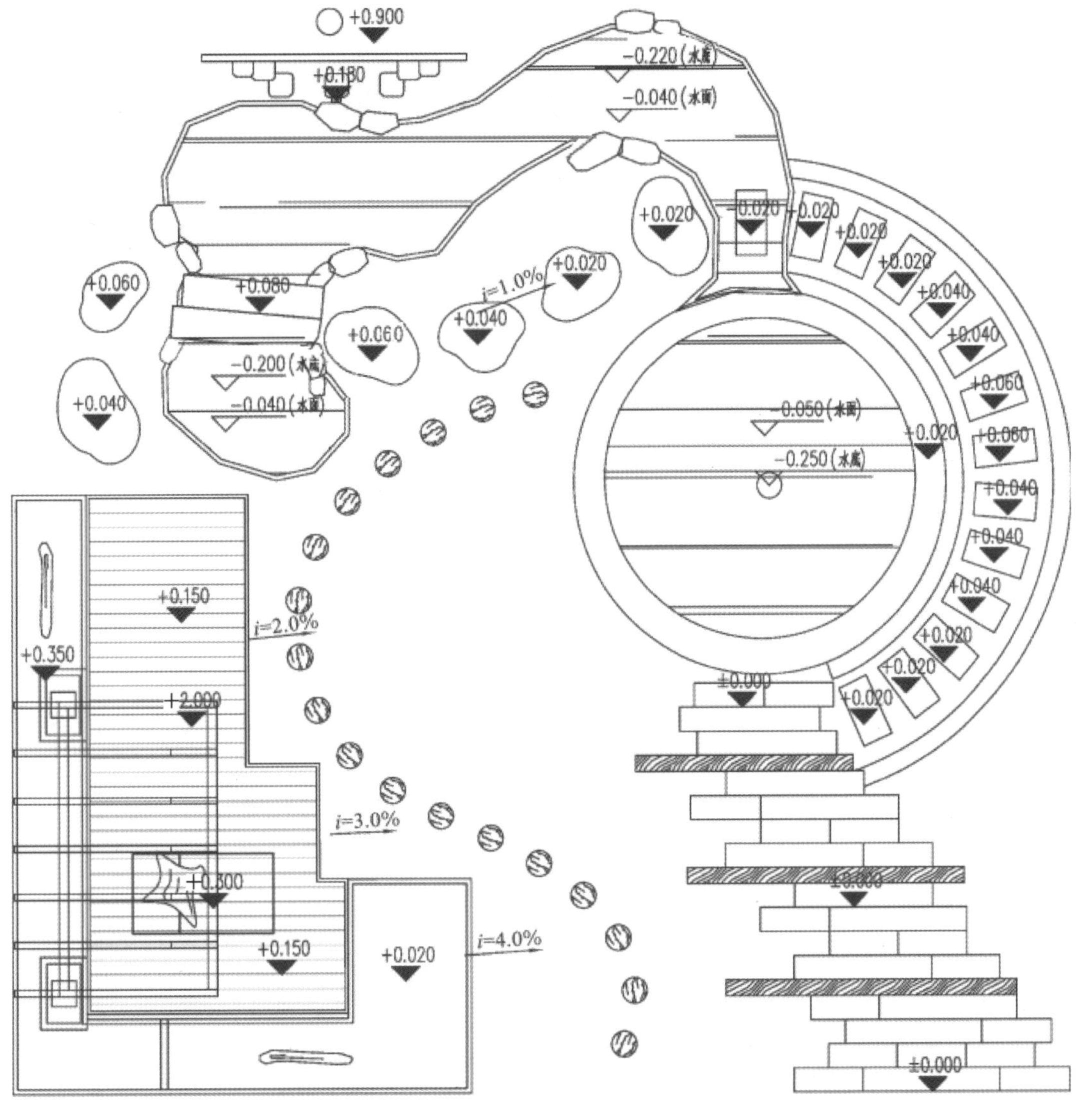


图 3-17　竖向设计图

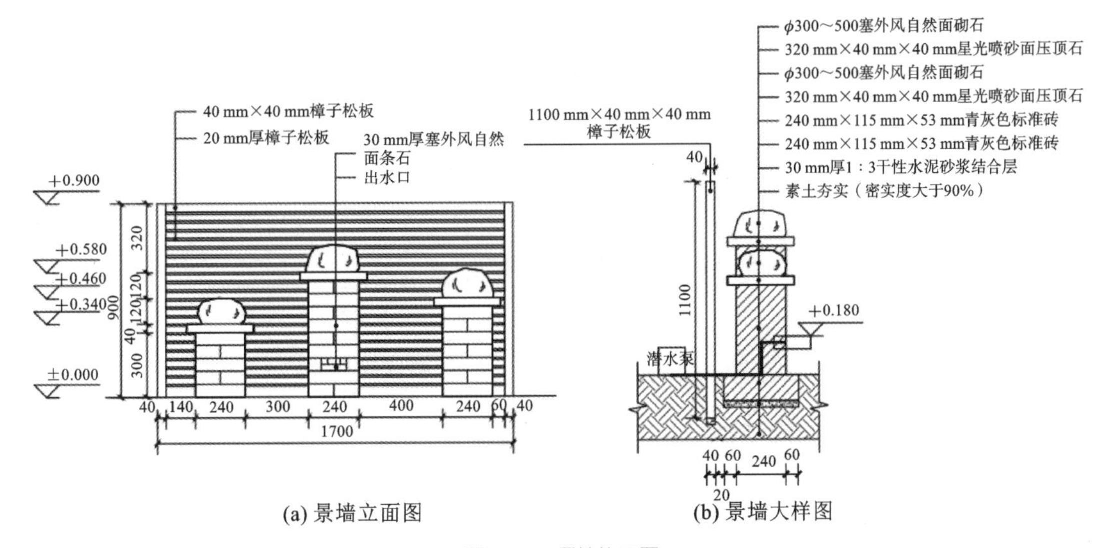


图 3-18　景墙施工图

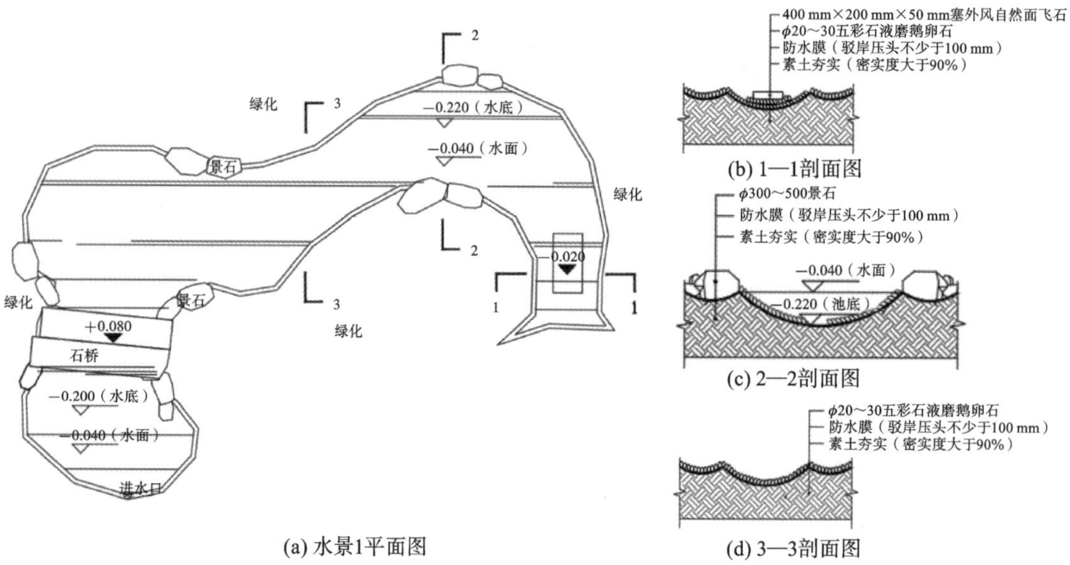

绿化
−0.220（水底）
−0.040（水面）
景石
绿化
−0.020
绿化
景石
+0.080
石桥
绿化
−0.200（水底）
−0.040（水面）
进水口

(a) 水景1平面图

400 mm×200 mm×50 mm塞外风自然面飞石
φ20～30五彩石液磨鹅卵石
防水膜（驳岸压头不少于100 mm）
素土夯实（密实度大于90%）

(b) 1—1剖面图

φ300～500景石
防水膜（驳岸压头不少于100 mm）
素土夯实（密实度大于90%）
−0.040（水面）
−0.220（池底）

(c) 2—2剖面图

φ20～30五彩石液磨鹅卵石
防水膜（驳岸压头不少于100 mm）
素土夯实（密实度大于90%）

(d) 3—3剖面图

图 3-19　水景 1 平面图及剖面图

### 4. 植物工程注意事项

种植设计如图 3-20 所示。需要注意的是，本方案中植物标注不符合《风景园林制图标准》（CJJ/T 67—2015）（以下简称《标准》）要求。

施工图点评：建议结合《标准》要求重新标注。

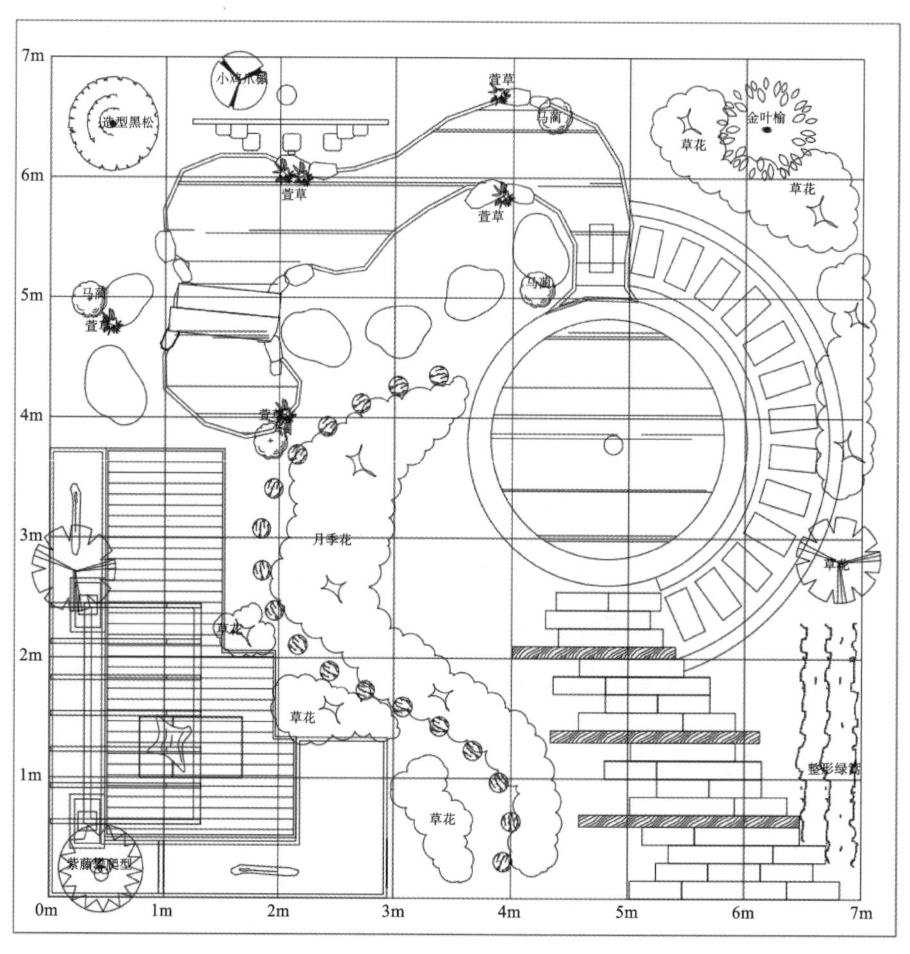


图 3-20　种植设计

# 第三节　《齐风鲁艺，鸢都园地》解析

## 一、景观设计分析

### 1. 设计说明

该作品旨在传承鲁韵园艺，同时融合了现代文化与传统文化，使用了新材料与旧工艺、南方手工技能与北方手工技能。该作品以潍坊地区特色的风筝文化为纽带，将风筝小品表现于园艺景观中，将山东人对泉水的印象反映在园艺布局中，散发出传统文化的精神、气质及神韵。同时，庭院栽培本土植物，选用本地建材，使人体会到齐鲁园林的特色和风采。总平面图如图 3-21 所示。



景观设计中可以充分发挥地域特色，创造独具特色的景观。

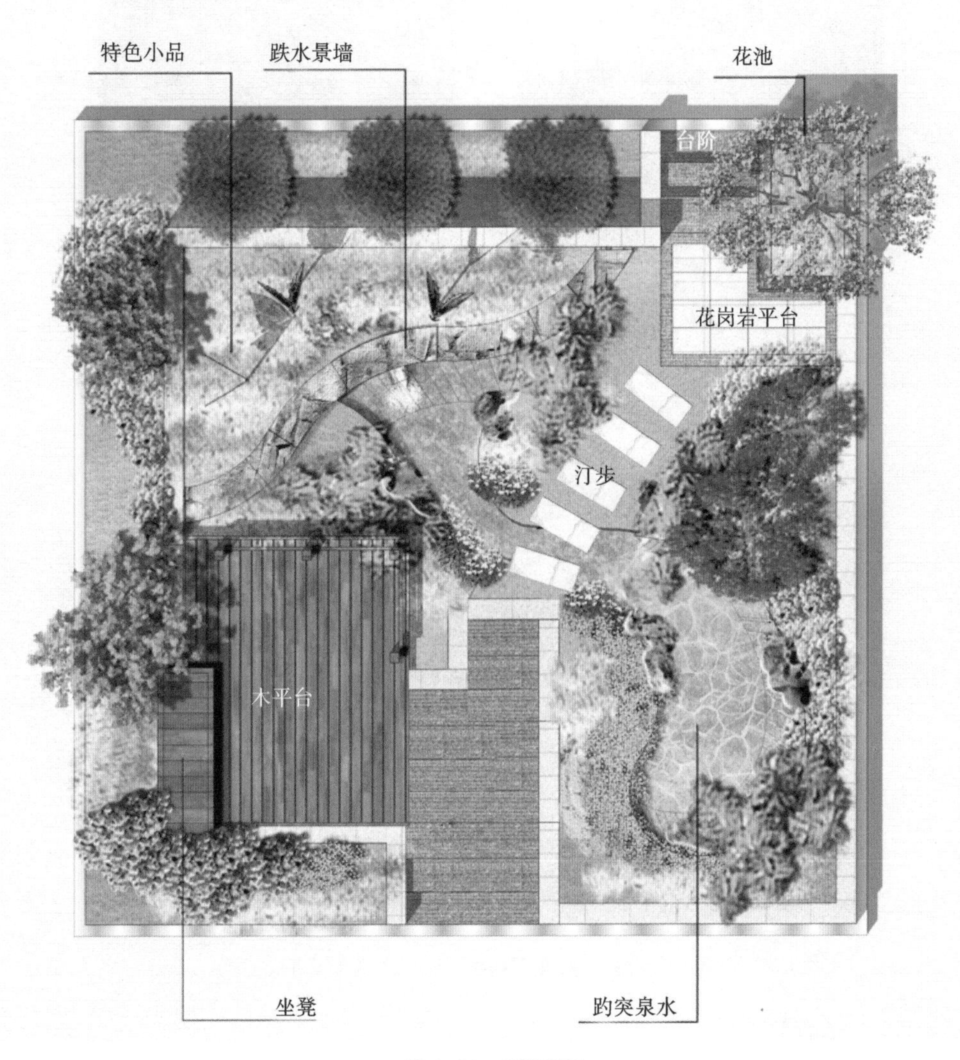


图 3-21　总平面图

### 2. 整体设计分析

该作品以齐鲁泉水园林风格为基底，以潍坊的风筝文化为纽带，将风筝小品与泉水园林各项元素相结合，表达传统齐鲁园林特有的气质和神韵。

景观布局大方完整，由高至低对角布置跌水水系，承水潭舒缓展开，有齐鲁文化源远流长、传承历史、展望未来的寓意。人行动线与水系于庭院中心相交。

庭院主要栽培本土植物，绿化配置主要考虑亲水植物，浮水、挺水、沉水等植被富有韵律，更符合泉水园林的生态美感。设计效果图如图 3-22 所示。

图 3-22　设计效果图

3. 结构分析

庭院中设计了多处平台，满足休憩功能，同时设计了大量的花境，满足观景的需要。

4. 动线分析

汀步、台阶等多样的园路丰富了景观内容，使人沉浸其中。

## 二、施工要点分析

1. 修改建议

部分设计图如图 3-23 所示。1—1 剖面图中竖向标高符号有误，应为空心三角带标注线的形式，详见《标准》。

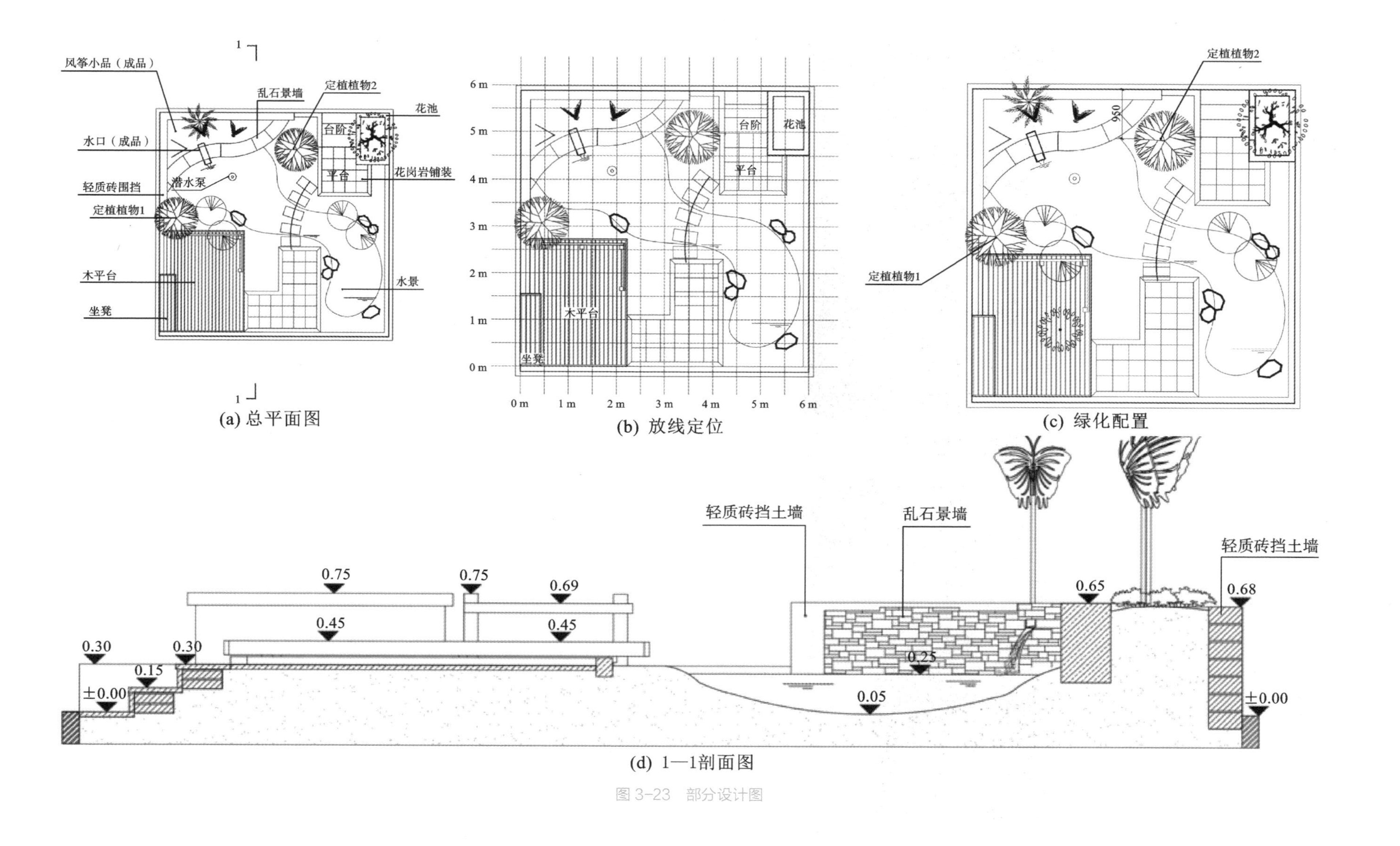

风筝小品（成品）
乱石景墙
定植植物2
花池
水口（成品）
台阶
平台
花岗岩铺装
轻质砖围挡
潜水泵
定植植物1
木平台
水景
坐凳
(a) 总平面图
台阶
花池
平台
木平台
坐凳
0 m
1 m
2 m
3 m
4 m
5 m
6 m
(b) 放线定位
定植植物2
950
定植植物1
(c) 绿化配置
轻质砖挡土墙
乱石景墙
轻质砖挡土墙
0.75
0.75
0.69
0.45
0.45
0.30
0.30
0.15
±0.00
0.65
0.68
0.25
0.05
±0.00
(d) 1—1剖面图

图 3-23　部分设计图

2. 施工注意事项

（1）需要注意汀步石、挡土墙的施工稳定性。

（2）方案多为不规则造型，需要确定弧线的中点、端点以及圆心坐标，从而确定弧线造型。

（3）乱石景墙干垒，注意要有放坡和横向搭接。石块形状要合理，对墙体美观性有很重要的影响。

实际效果图如图 3-24 所示。

图 3-24　实际效果图

## 第四节　《齐鲁青未了》解析

### 一、景观设计分析

1. 整体设计分析

方案以趵突泉、五岳为切入点，整体立意基本符合要求。园路铺装面积较大，施工量较大。整体方案旨在表现出一柔一刚、一静一动的效果，但设计表达还需要更准确。总平面图如图 3-25 所示，设计效果图如图 3-26 所示。

2. 结构分析

本方案结构设计合理，功能分区明确，使用不同材料对区域进行划分，满足功能需求。

3. 动线分析

庭院动线为对角线设计，使人可较为直观地参观庭院。方案采用纹样衬托和美化环境，增加景致。

### 二、施工要点分析

1. 砌筑工程注意事项

（1）树池设计为三角形，砌筑过程中需要预先排砖，切割过程中应注意锯片厚度，避免尺寸产生偏差。

图 3-25　总平面图

图 3-26　设计效果图

（2）景观面排砖应美观。

（3）景观墙内设出水口，需要提前选好石材，尽量保证同层石材厚度一致，保证出水口标高准确。

施工图如图 3-27 所示。

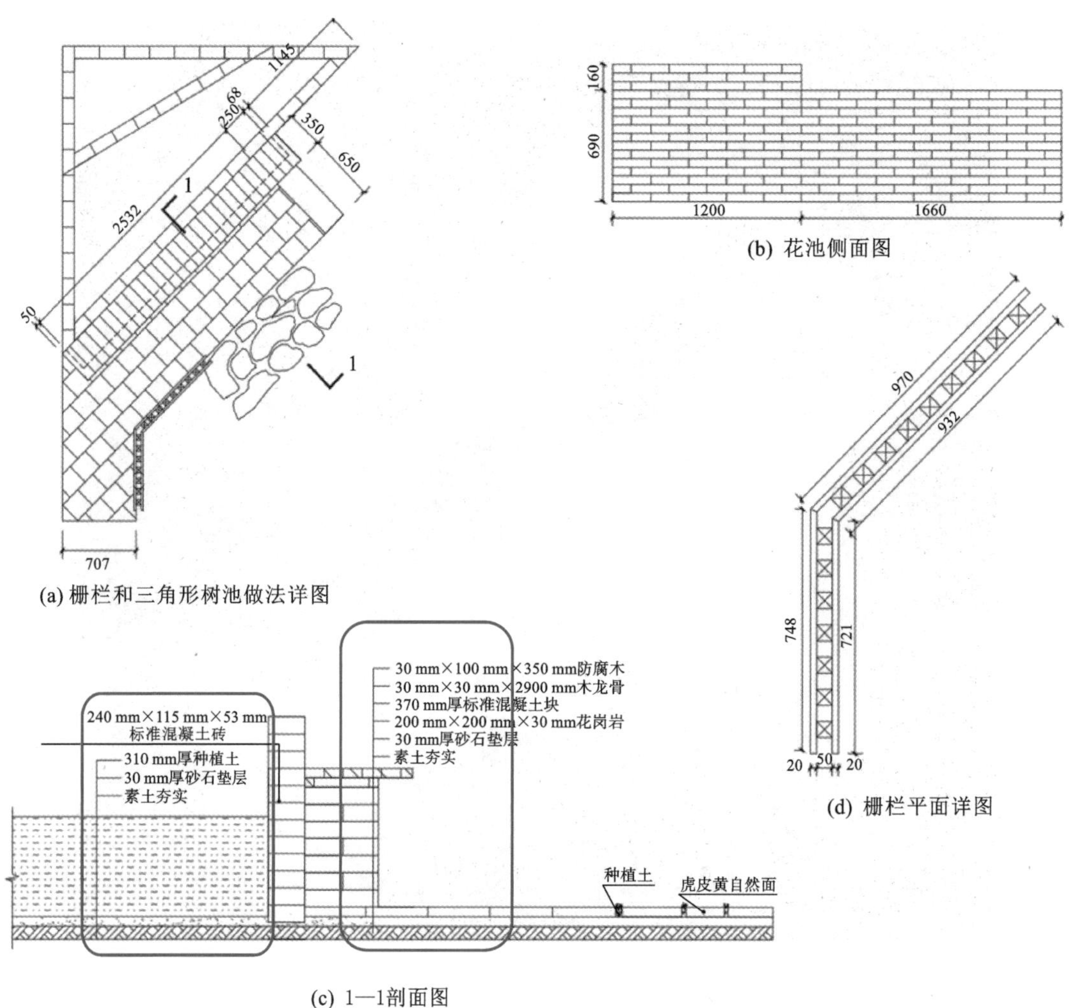


(a) 栅栏和三角形树池做法详图

(b) 花池侧面图

(d) 栅栏平面详图

(c) 1—1剖面图

施工图点评：各详图和剖面图中，多层引出线下端应在对应做法层加标注点，画法详见《标准》。

100 mm×20 mm防腐木
50 mm×50 mm×1400 mm防腐木
200 mm×200 mm
×30 mm花岗岩
30 mm厚
砂石垫层
素土夯实
种植土
水泥砂浆

900 mm×400 mm×25 mm塞外风自然面条石
240 mm×115 mm×53 mm标准混凝土砖
30 mm厚砂石垫层
素土夯实
种植土
150 mm×900 mm×60 mm
塞外风自然面条石

(e) 栅栏竖向固定详图

(f) 条石凳做法详图

图 3-27 施工图

2. 木作工程注意事项

确保木栅栏尺寸标高、安装角度合乎施工要求。

### 3. 水景工程注意事项

本方案设计了亲水平台。亲水平台安装过程中应注意防水。水景节点详图和剖面图如图 3-28 所示。

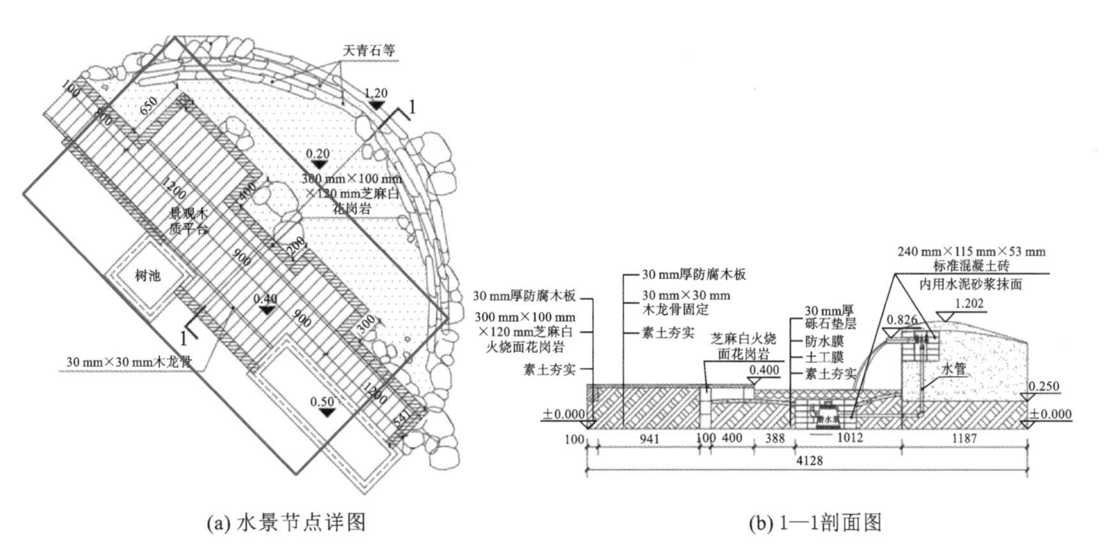


(a) 水景节点详图　　(b) 1—1剖面图

图 3-28　水景节点详图和剖面图

### 4. 种植工程注意事项

（1）乔灌木种植到树池中时，需要注意对树池进行成品保护。树池平面图和剖面图如图 3-29 所示。

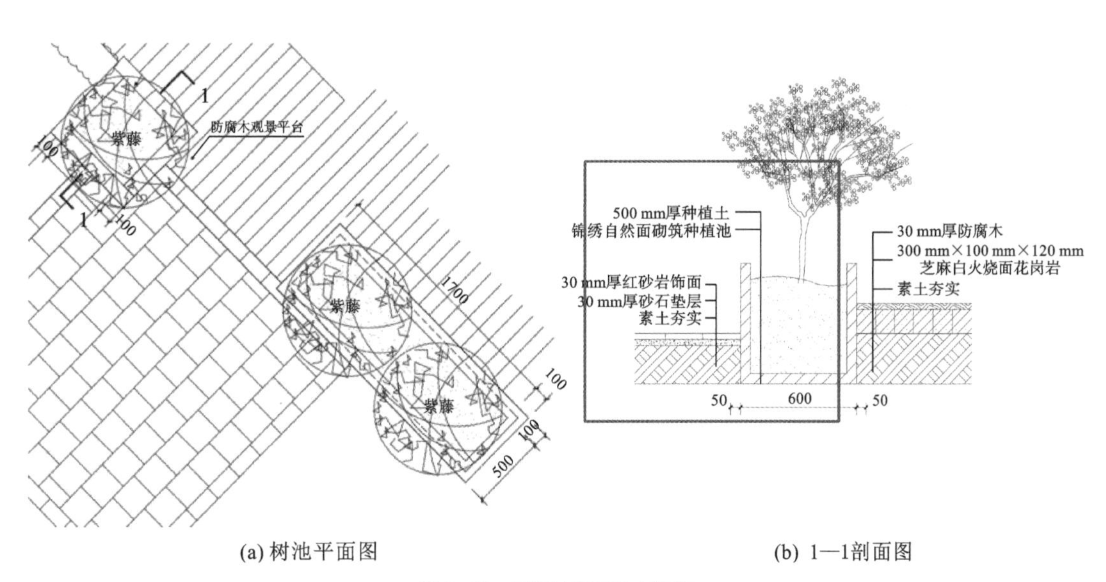


(a) 树池平面图　　(b) 1—1剖面图

图 3-29　树池平面图和剖面图

施工图点评：树池剖面图中多层引出线下端应在对应做法层加标注点，被剖到的位置应用粗线表示。地平线应用粗实线表示。

（2）植物搭配时需要注意植物的生长习性。植物布置平面图如图 3-30 所示。

施工图点评：植物布置平面图中建议标注植物品种名称，附苗木表，增加放线网格。乔木及灌木要参照放线网格进行定位。



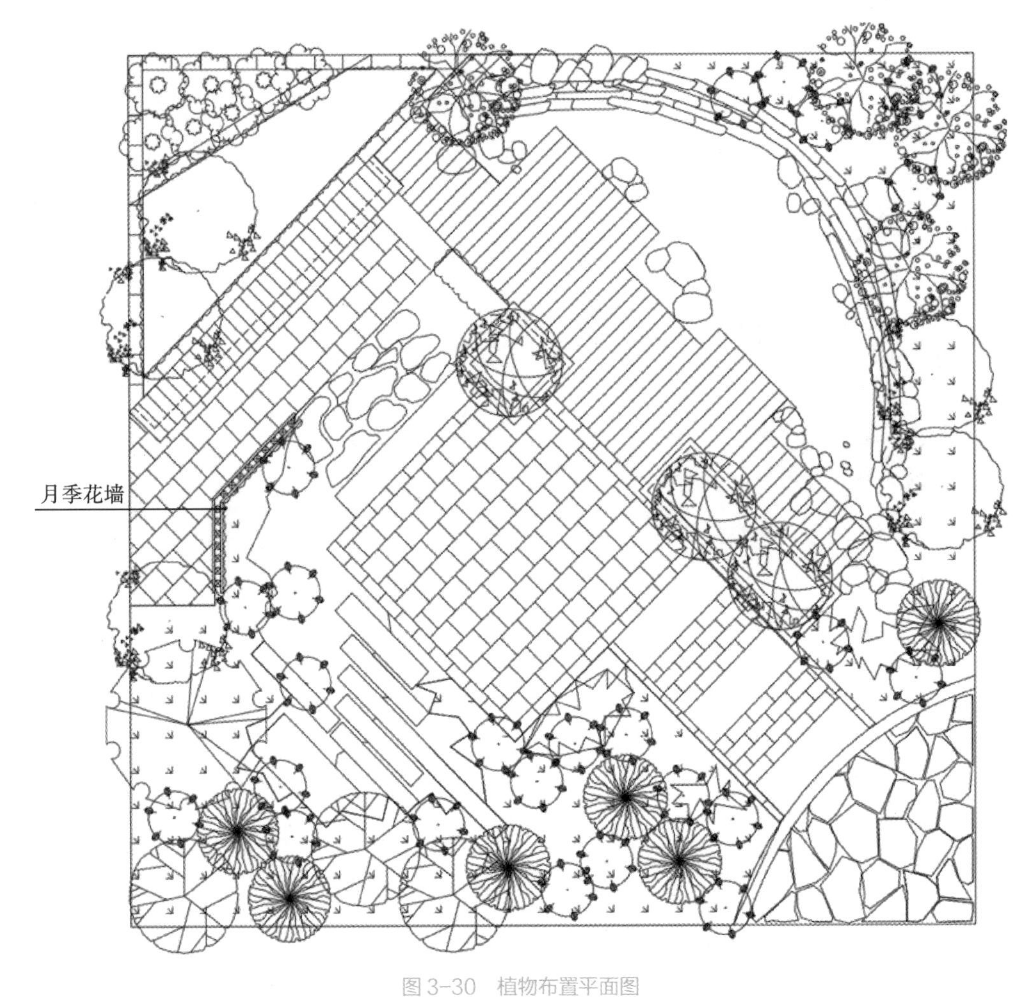


图 3-30　植物布置平面图

## 第五节　《齐私享 · 园》解析

### 一、景观设计分析

#### 1. 设计说明

方案将不同景观元素相组合，在场地中营造满足不同需求的空间。场地共设有三个出入口，主出入口邻近涌泉，采用方正石材铺装。两个次入口分别采用砾石和汀步石两种形式。场地中间设计了临水木平台。出水口采用石质涌泉的样式，体现静谧之感。场地核心区是利用块石围合成的一处较私密的空间。背靠石墙花坛，面朝水景涌泉，可观水景、观植物。

#### 2. 整体设计分析

方案以涌泉向济南泉城致敬，半环形石墙体现了齐鲁地区的庭院文化。该方案空间趣味性较强，景观结构合理，可实施性强，砌筑量应适当减少。设计效果图如图 3-31 所示。

图 3-31　设计效果图



3. 结构分析

该方案按斜向轴线布局，结构简洁、大方，设计了大面积观景区，便于使用者休憩、观赏风景。

4. 动线分析

该方案设计了不同风格的园路，体现了园路的导览、装饰功能。

## 二、施工要点分析

（1）石墙砌筑过程中注意要层次清晰，且要尽量避免上下通缝。

（2）花池砌筑时，砖块缝隙应均匀。

施工图如图 3-32 所示。尺寸标注如图 3-33 所示。实际效果图如图 3-34 所示。

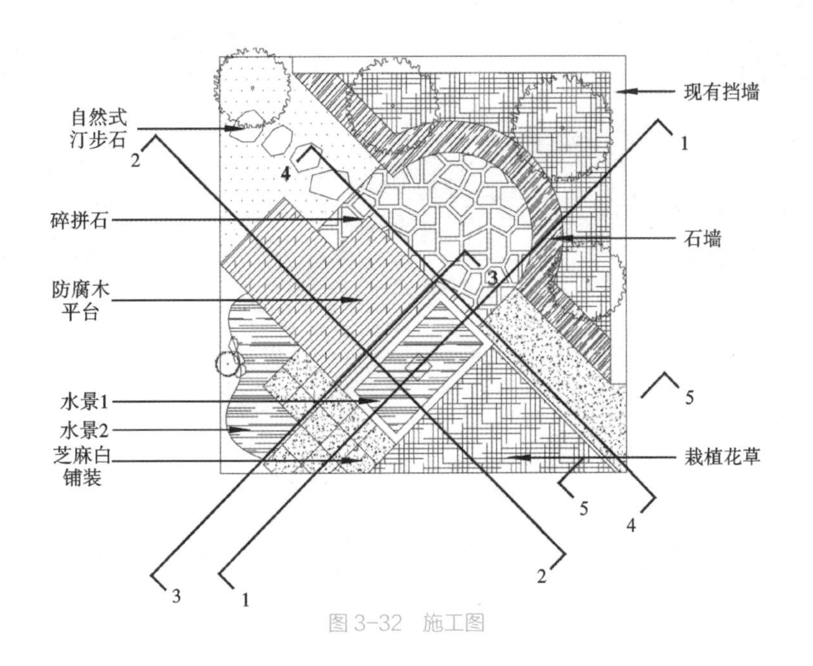


图 3-32　施工图

施工图点评：施工图应为黑白线图，建议使用 Photoshop 软件去色。

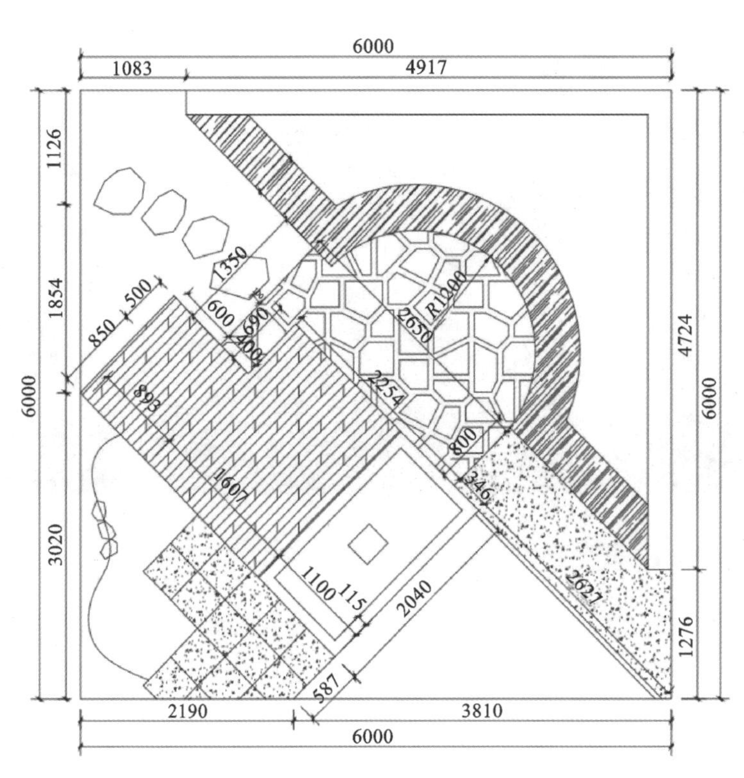


图 3-33　尺寸标注

图 3-34　实际效果图

# 第六节 《锦绣丝路》解析

## 一、景观设计分析

### 1. 设计说明

庭院入口中心位置为八边形地面铺装，灵感来自中式窗户。这个造型象征着我国打开了与世界各国合作的新窗口。庭院中心为钥匙造型水景，象征着我国开启了与世界各国进行经济、文化交流的一扇门。设计以左上角为庭院的重点方位，此处设有休闲平台及木坐凳。背靠庭院左上角景观树可观看庭院的全部景观，感受庭院中的静与动。设计效果图 1 如图 3-35 所示。

图 3-35 设计效果图 1

中华传统文化是设计创意和灵感的重要源泉，设计师应注重该方面的积累。

### 2. 整体设计分析

该方案整体符合要求，表现力较好，存在施工工程量过大的问题。建议适当改变一些硬装的尺寸和数量。设计效果图 2 如图 3-36 所示。

图 3-36 设计效果图 2



3. 结构分析

庭院中设置了多处平台，可以满足使用者的基本功能需求。

4. 动线分析

路线纵横交错，便于使用者多方向游园。

## 二、施工要点分析

1. 砌筑工程注意事项

（1）在砌筑基础时，应注意夯实找平。

（2）花池为带转角的砖砌体结构，在施工之前需要提前计算好转角处的排砖方式，并逐层测量角度。

（3）每砌一层砖需要测量一次水平面标高，保持同一层砖在同一标高。

（4）砌筑过程中应避免形成通缝，保证墙体稳定，压顶标高应满足设计要求。花池详图和花池立面图见图 3-37。景墙立面图见图 3-38。

2. 铺装工程注意事项

（1）熟悉图纸。入口平台造型复杂，运用了多种石材。需要注意花纹图案的尺寸和点位，通过场地尺寸标注图和放线图了解需要进行铺装的区域，对场地中硬质铺装的区域进行测量和放线；通过竖向标高图了解铺装标高；通过铺装详图了解铺装材料。铺设不同材料时需要注意材料厚度，根据铺装材料厚度进行基础夯实。

（2）应用黄木纹碎拼石和花岗岩等石材时，需要按照施工图铺装纹样提前排布石材，在确保美观的同时，减少切割工作，提高效率，节省材料。铺设黄木纹碎拼石时，注意避免将多块带尖角的碎拼石拼在一个点上。

（3）铺装过程中应注意缝隙，铺装完成后用干硬灰回填缝隙。

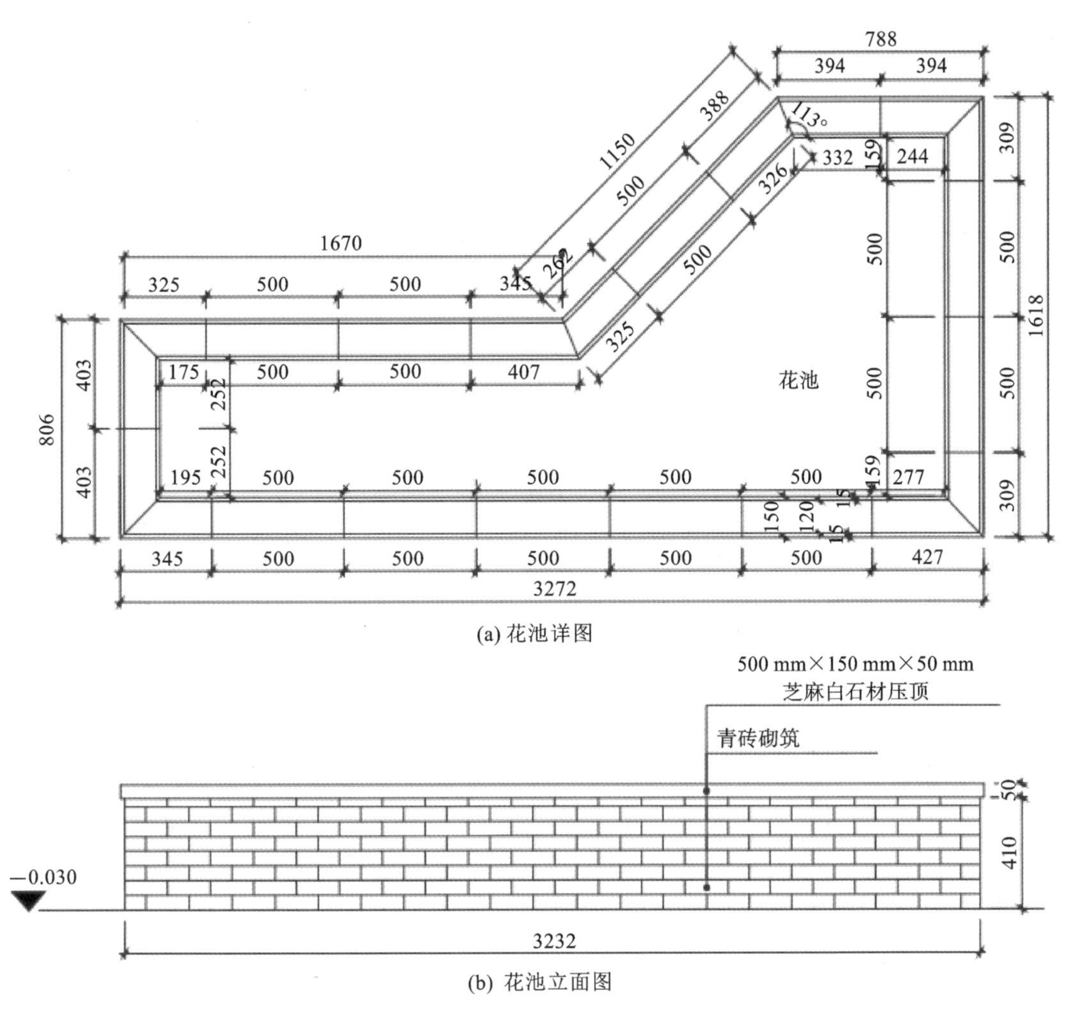


(a) 花池详图



(b) 花池立面图

图 3-37　花池详图和花池立面图

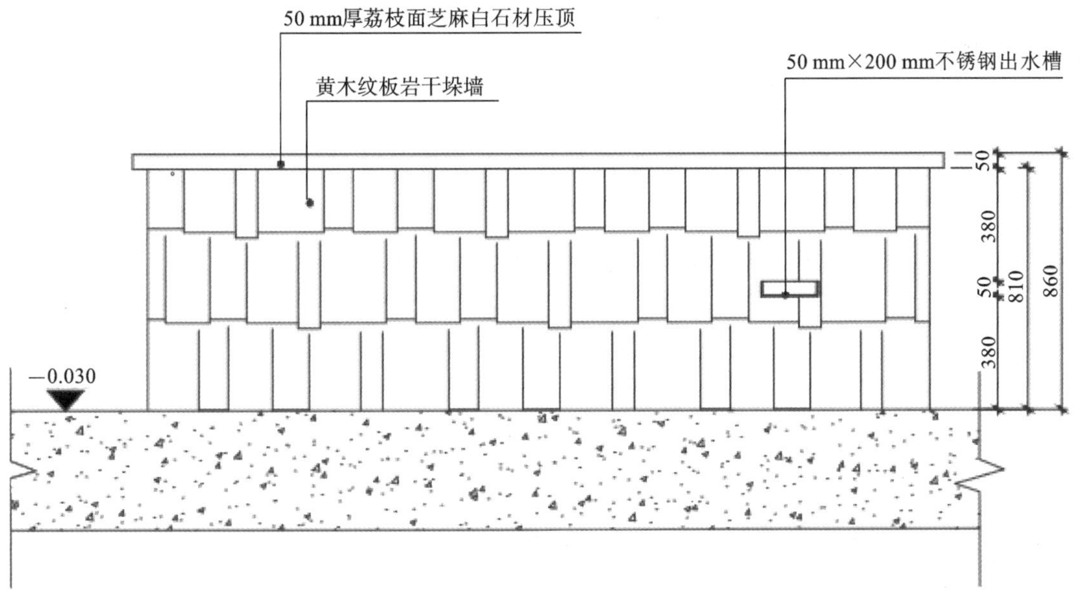


图 3-38　景墙立面图

（4）铺装完成后，注意进行成品保护。

铺装图如图 3-39 所示，入口平台详图如图 3-40 所示。

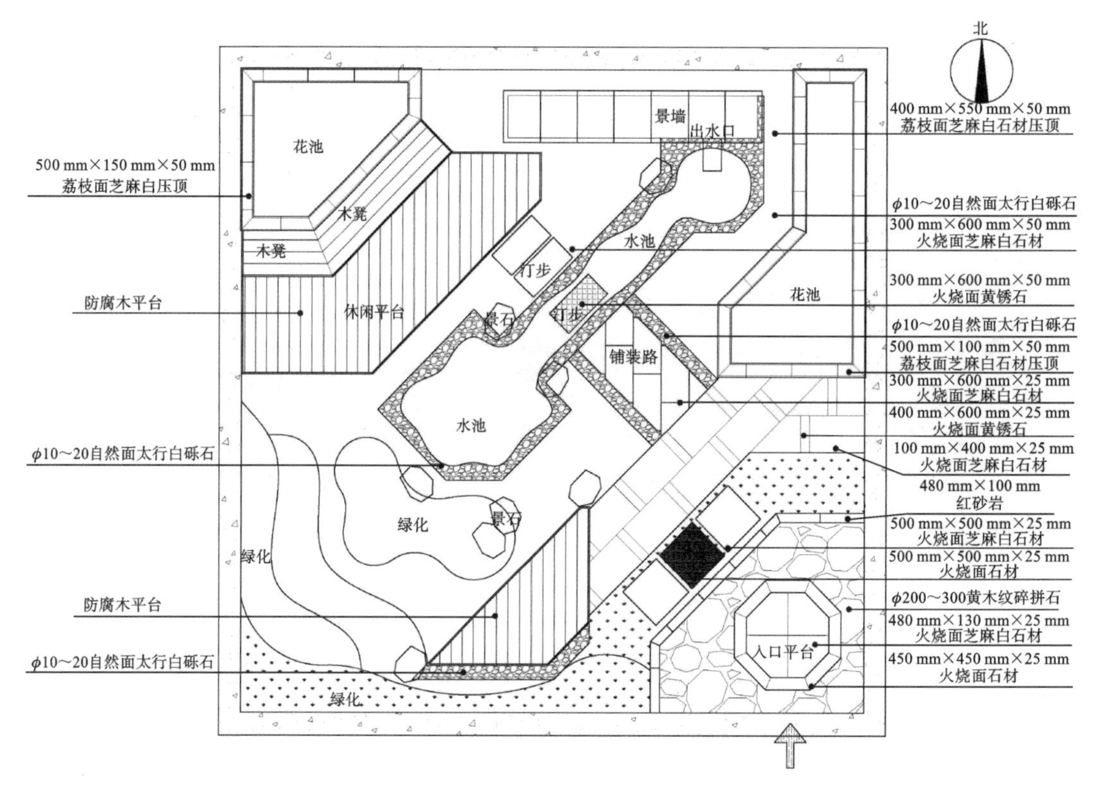


图 3-39　铺装图

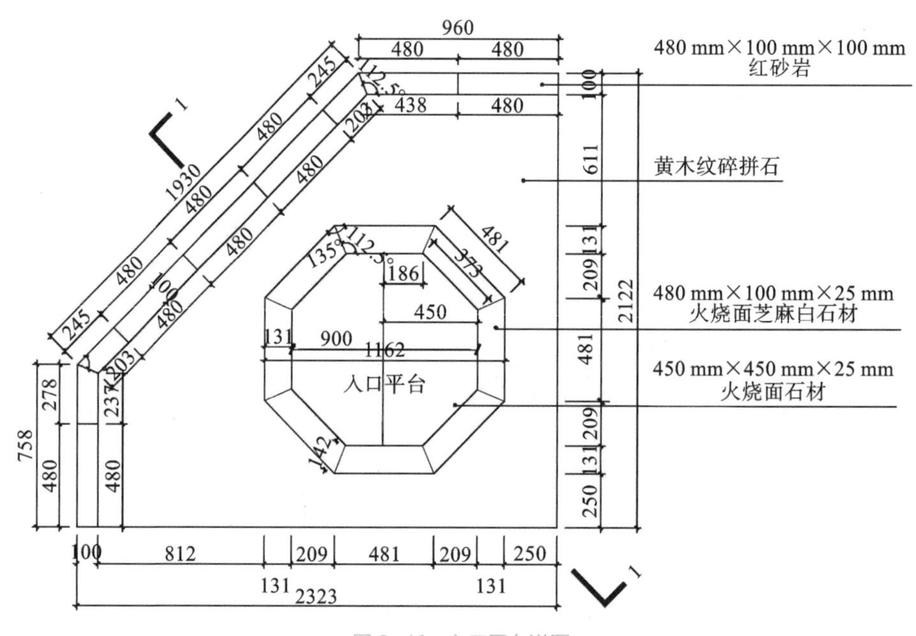


图 3-40　入口平台详图

### 3. 木作工程注意事项

（1）注意提前计算材料用量，以免浪费。

（2）注意复测木平台基础高度。

（3）注意核实木凳尺寸、标高。

## 第七节 《沁锦园》解析

### 一、景观设计分析

#### 1. 设计说明

方案紧扣“丝路花语，锦绣中华”的主题。S 形流线设计灵感源于第三届“一带一路”国际合作高峰论坛的标识。木平台提供了休憩地，寓意为开放和包容。瀑布缓缓流下，水面泛起层层涟漪。使用者越过水体，走过陆地，身处有植物围绕的 S 形小路中，感受鸟语花香。整个方案静中有动，动中有静，给人一种安心又温馨的感觉，让使用者在忙碌之时，静下心来，观赏风景，感受美好。设计效果图 1 如图 3-41 所示。

图 3-41 设计效果图 1

#### 2. 整体设计分析

作品紧扣“一带一路”的内涵，提炼设计要素并进行合理的景观布局，思路清晰，结构合理，动静结合，构图饱满。在空间处理上，作者灵活应用欲扬先抑等手法，使空间妙趣横生，引人入胜。若植物配置方面能再增加些季相变化和层次，整体方案会更完美。设计效果图 2 如图 3-42 所示。

图 3-42　设计效果图 2

3. 结构分析

结构高低错落，满足庭院的私密性、景观性要求。

4. 动线分析

园路呈 S 形排布，不同角度有不同的景观效果，整体景观性得到了提升。

## 二、施工要点分析

1. 砌筑工程注意事项

（1）砌筑基础时应预留水管线路。

（2）需要注意不锈钢出水口的安放位置，调整出水口与景墙之间的距离，保证水流不冲刷墙面。另外，保证出水均匀，水形美观。景墙立面图和剖面图如图 3-43 所示。

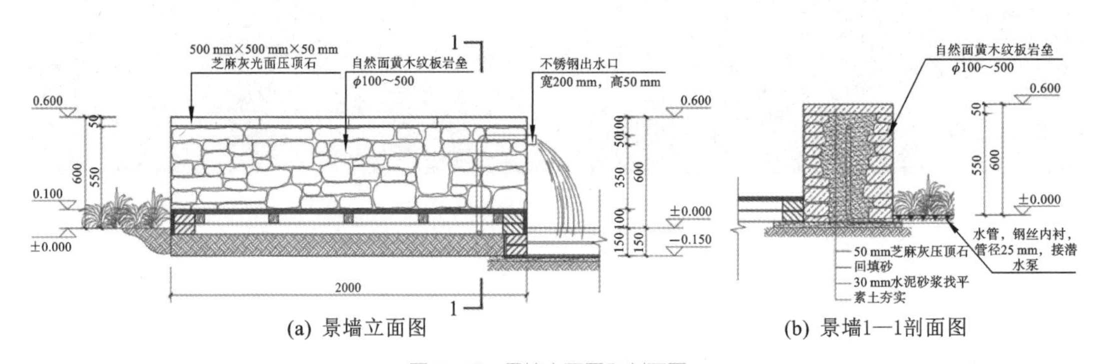


图 3-43　景墙立面图和剖面图

2. 铺装工程注意事项

需要注意不同材料衔接处的缝隙处理。特色园路如图 3-44 所示。

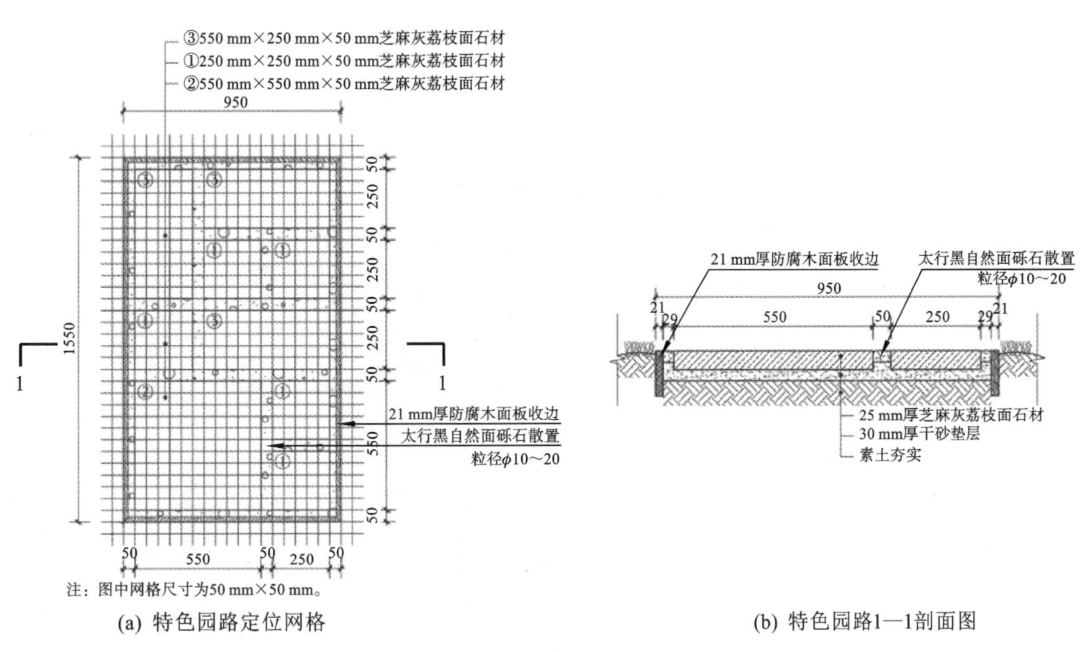

(a) 特色园路定位网格　　(b) 特色园路1—1剖面图

图 3-44　特色园路



3. 木作工程注意事项

注意处理木平台的龙骨与基础连接部位，并预留一定的尺寸。

## 第八节　《海棠春色》解析

### 一、景观设计分析

1. 设计说明

“小雨泥淋釉伞轻，天宫着意雨霏晴。寻遗塞外昭君怨，顿起凝愁悯泪倾。但使边关磐若石，丝绸古道漾箫笙。如今落雁尘埃远，不尽天山万古情。”该设计作品融合了此景此意。设计以“刚与柔的结合”为理念，整体采取规则直线与柔美曲线相结合的形式，构成一种既开放又包容的平衡。内部的小溪为东北—西南走向，曲折却惠及面积广，表达了共同发展的美好愿景。内部色彩丰富，生机勃勃，彰显出“一带一路”的锦绣繁华。设计效果图如图 3-45 所示。

2. 整体设计分析

作品深入挖掘“一带一路”的文化内涵，形成独到的景观意向，以一条曲溪打破整体规整的构图，给人耳目一新的感受。合理应用各种处理手法，使空间层次分明，细节丰富。作品在细节方面的处理有待改进。

### 二、施工要点分析

1. 砌筑工程注意事项

（1）注意合理排砖，避免多次切割，浪费材料。

图 3-45　设计效果图

（2）注意黄木纹干垒坐凳的稳定性及标高。

砌筑工程施工详图见图 3-46。

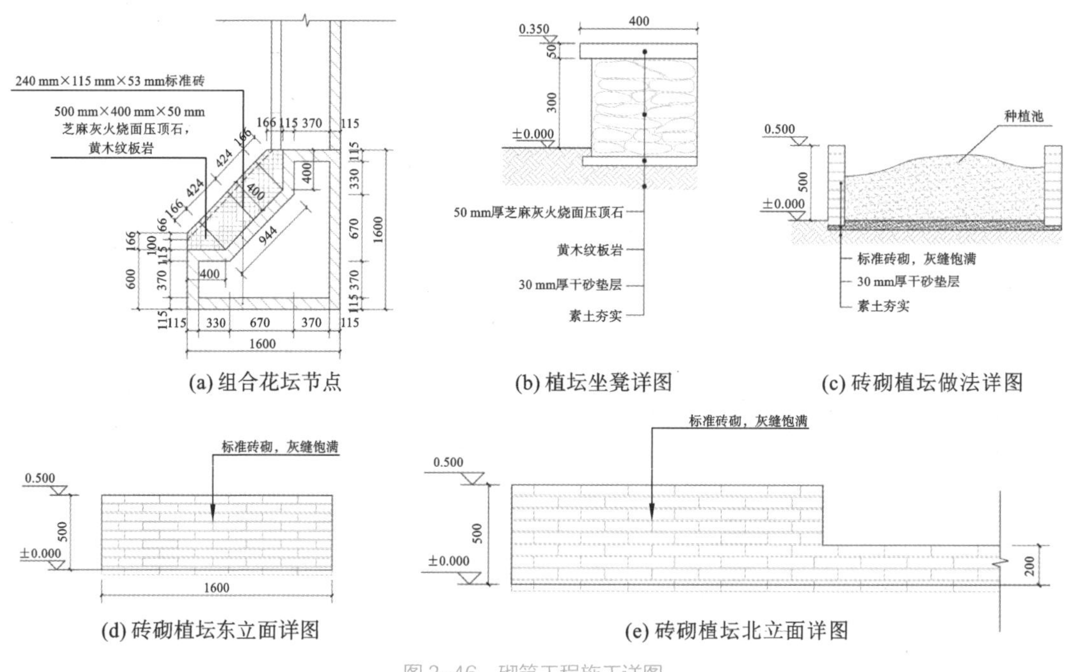


图 3-46　砌筑工程施工详图

2. 铺装工程注意事项

（1）用卵石进行填缝时，应避免挤压铺设好的汀步石。

（2）黄木纹为自然石，需要提前挑选石材，注意园路衔接部位的处理。

特色园路详图及剖面图如图 3-47 所示。

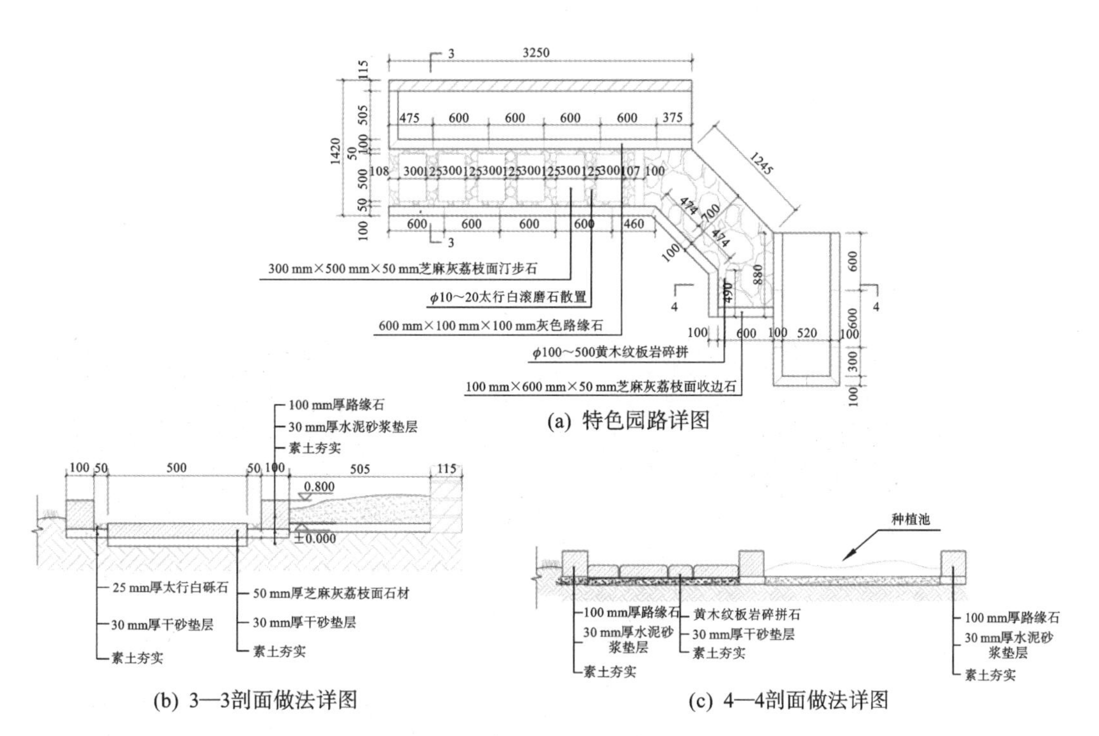


图 3-47 特色园路详图及剖面图



3. 水景工程注意事项

水景池底铺设卵石、安装喷泉成品时注意埋设水管，注意喷泉的稳定性。水景做法详图见图 3-48。

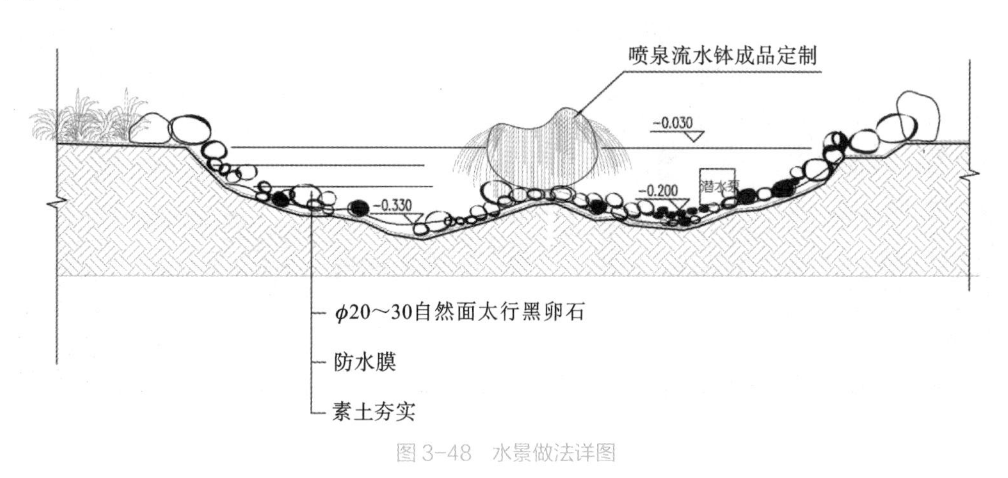


图 3-48 水景做法详图

## 第九节 《海丝之路，粤海扬帆》解析

### 一、景观设计分析

1. 设计说明

方案设计灵感来自海上丝绸之路，着力表现扬帆起航的美好画面。方案涉及现代文

化与传统文化、新材料与旧工艺、南方手工技能与北方手工技能的交流。船帆造型的垂直绿化背景墙、船头造型的花池、船身造型的挡墙、海浪波纹的地面铺装能给人置身于海中的感觉。远处的竹子及前景的亲水植物映射着海上丝绸之路的文化。方案通过多角度综合表现，表达了对海上丝绸之路繁花似锦的美好憧憬。总平面图如图 3-49 所示。

图 3-49 总平面图



丰富的材质和施工技艺可以提升景观品质，增加趣味性。

2. 整体设计分析

方案以一条曲溪打破整体规整的构图，却毫无违和感，给人耳目一新的感受。方案合理应用各种处理手法，使空间层次清晰。方案细节方面的处理仍有待改进。设计效果图如图 3-50 所示。

## 二、施工要点分析

1. 木作工程注意事项

（1）注意夯实基础。

图 3-50　设计效果图

（2）注意植物带与前置木结构的安装顺序。

垂直绿化背景墙立面图如图 3-51 所示。



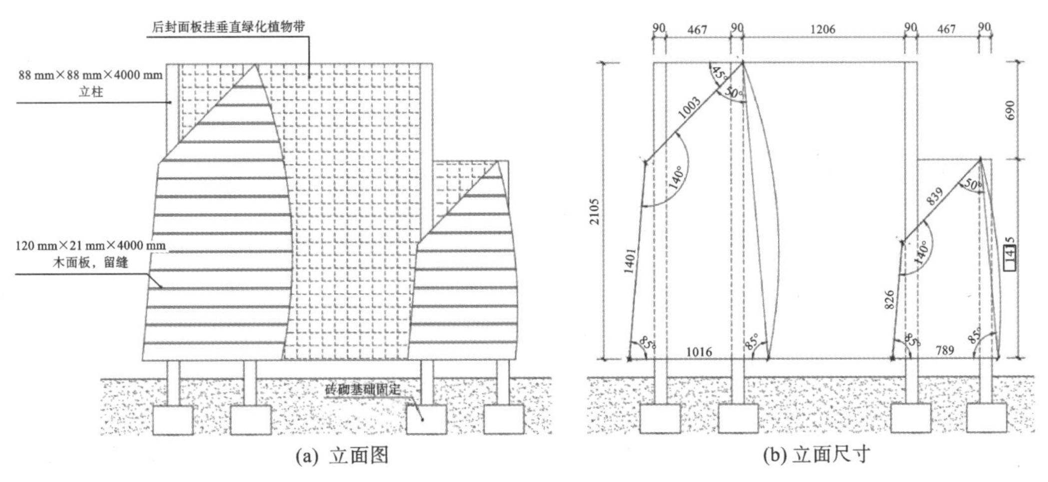


图 3-51　垂直绿化背景墙立面图

## 2. 铺装工程和砌筑工程注意事项

（1）注意切割角度与尺寸，避免压顶缝隙过大。

（2）圆形铺设过程注意缝隙均匀，保证美观。

（3）标砖砌筑需要注意缝隙均匀。

弧形坐凳、水边圆形铺装地面、花池施工详图分别如图 3-52 ~ 图 3-54 所示。

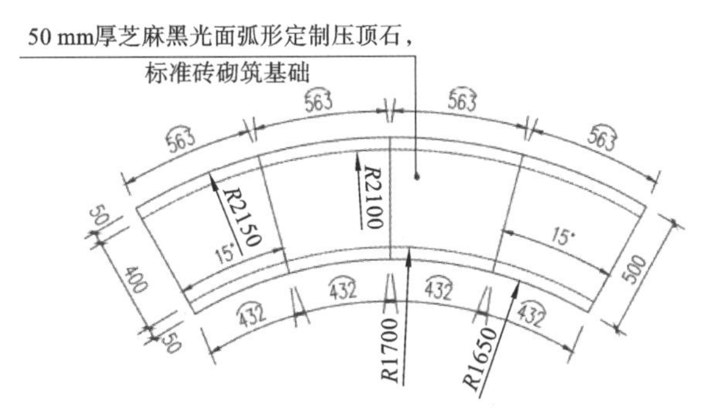


图 3-52　弧形坐凳施工详图

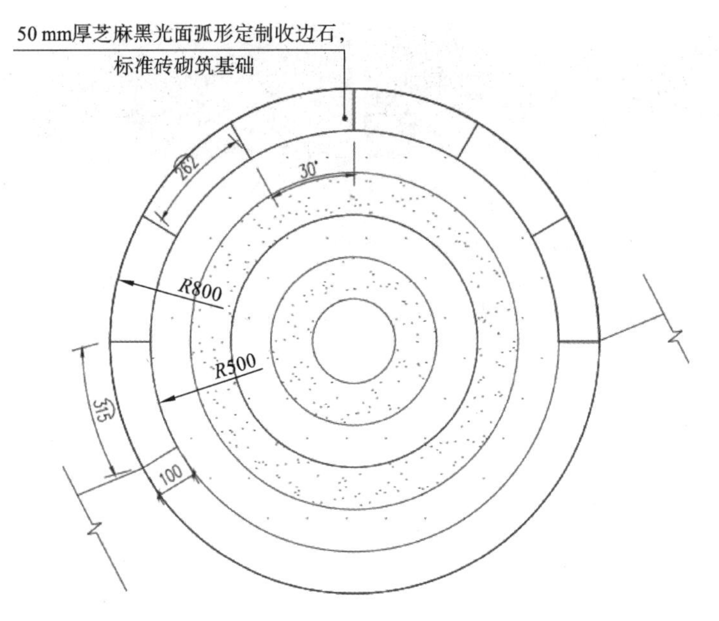


图 3-53　水边圆形铺装地面施工详图

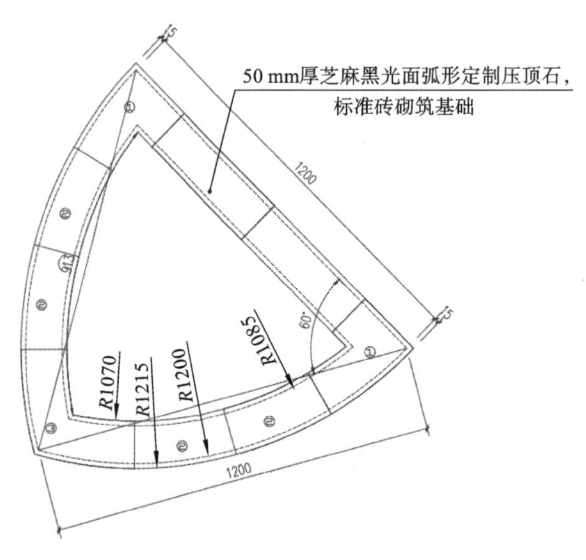


图 3-54　花池施工详图



## 第十节　《长歌·盛园》解析

### 一、景观设计分析

#### 1. 设计说明

方案将“一带一路”的时代主题形象化为高山流水，融合其他景观元素，设计出实用简约的休闲功能场地、清新雅致的景观空间和园艺空间。本方案中的山水轴线长达 6.44 m，分为高山流水、山月剪影、海纳百川三个段落。总平面图如图 3-55 所示。

#### 2. 整体设计分析

方案整体创意非常好，景观结构合理，总平面图及效果图表现较好，植物搭配合理，在制图方面也很细心。设计效果图如图 3-56 所示。

景观设计中，层次分明、段落清晰、细节丰富的作品是优秀的设计作品。

图 3-55　总平面图

图 3-56　设计效果图

## 二、施工要点分析

（1）砌筑墙面缝隙应均匀。

（2）景墙中间填缝不宜过实，避免混凝土干后膨胀出现尺寸偏差。

（3）板岩铺装缝隙应均匀，不可通缝。

（4）注意材料的使用数量和切角角度。

（5）成品需要按图呈现圆弧造型。

施工图如图 3-57 所示。

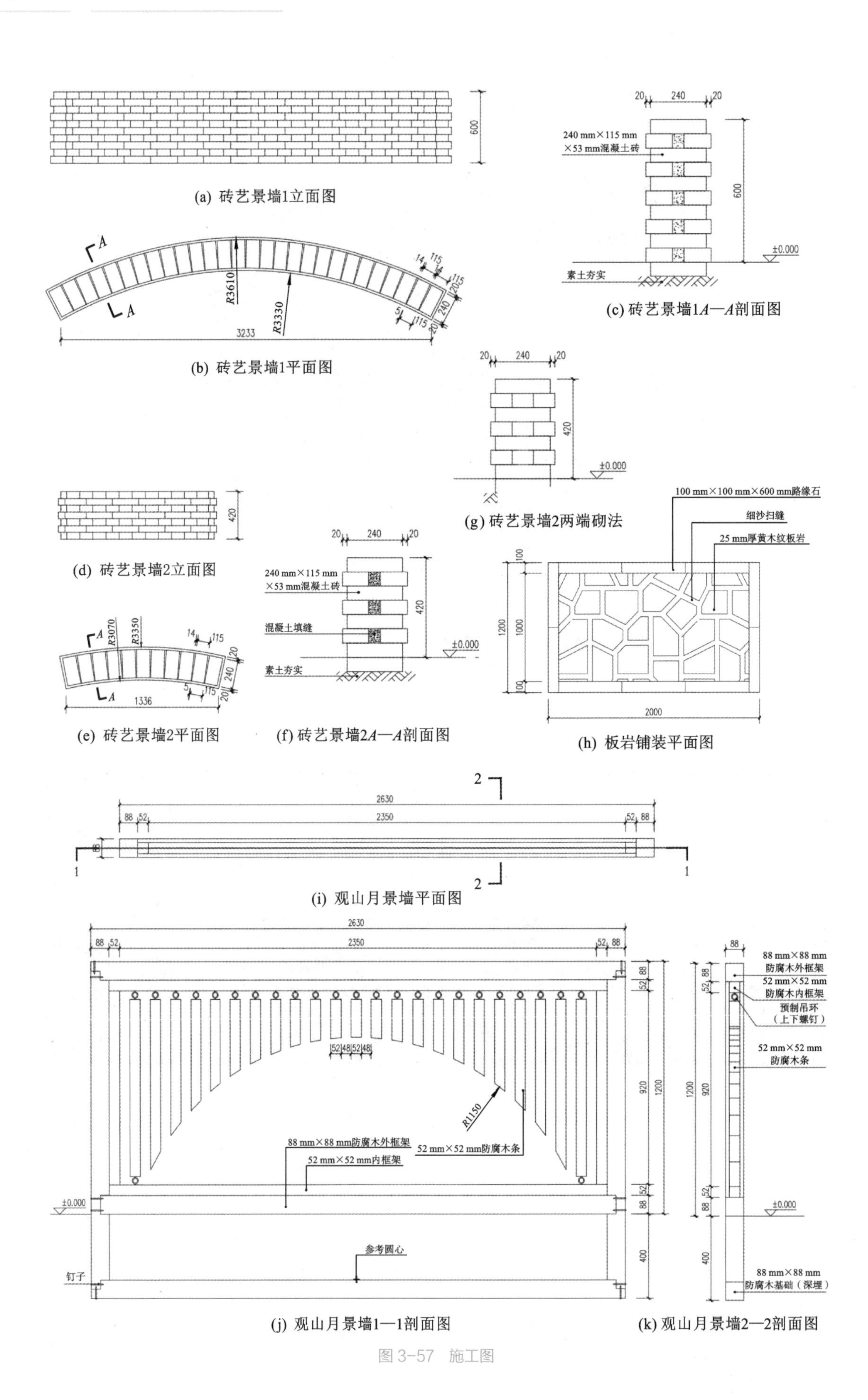

600
(a) 砖艺景墙1立面图
A
A
R3610
R3330
3233
14 115
14
115
205
240
20
5
115
(b) 砖艺景墙1平面图
20 240 20
240 mm×115 mm
×53 mm混凝土砖
600
±0.000
素土夯实
(c) 砖艺景墙1A—A剖面图
20 240 20
420
±0.000
(g) 砖艺景墙2两端砌法
420
(d) 砖艺景墙2立面图
R3070
R3350
14
115
20
240
20
5
115
1336
(e) 砖艺景墙2平面图
20 240 20
240 mm×115 mm
×53 mm混凝土砖
混凝土填缝
420
±0.000
素土夯实
(f) 砖艺景墙2A—A剖面图
100 mm×100 mm×600 mm路缘石
细沙扫缝
25 mm厚黄木纹板岩
100
1200
1000
100
2000
(h) 板岩铺装平面图
2
2630
88 52
2350
52 88
88
1
1
2
(i) 观山月景墙平面图
2630
88 52
2350
52 88
52 48 52 48
R1150
88 mm×88 mm防腐木外框架
52 mm×52 mm内框架
52 mm×52 mm防腐木条
±0.000
参考圆心
钉子
88
52
920
1200
52
88
400
(j) 观山月景墙1—1剖面图
88
88 mm×88 mm
防腐木外框架
52 mm×52 mm
防腐木内框架
预制吊环
（上下螺钉）
52 mm×52 mm
防腐木条
1200
88
52
920
52
88
±0.000
400
88 mm×88 mm
防腐木基础（深埋）
(k) 观山月景墙2—2剖面图


图 3-57 施工图

# 第十一节　《境·也思》解析

## 一、景观设计分析

### 1. 设计说明

“境”既是风景园林的内核，也是园林景观所要达到的目标。方案结合微地形，遵循适地适树、复合种植及生态施工原则，营造了生物和谐共存的微环境，是“物境”层面的体现。方案将山水元素、方圆元素与“起、承、转、合”的空间处理手法相结合，表现微环境的诗情画意、方圆哲学，这是“情境”层面的体现。方案通过营造静态凹空间，形成一个沉思空间，实现心与物、人与自然的统一，是“意境”层面的体现。总平面图如图 3-58 所示。

图 3-58　总平面图

### 2. 整体设计分析

该方案以“境”立意，以“思”为功能空间的主要目的，通过地形空间塑造、复合生态种植、山水文化表现、方圆哲学解读及沉思场所营建等方式，循序渐进地诠释了物境、情境、意境“三境”理论。方案结合主次入口的选择、主次景观的布设，运用挡景、障景、对景、夹景等多种造景手法营造多变的动态空间序列和“物我一体”的静态沉思空间。设计效果图如图 3-59 所示。

## 二、施工要点分析

（1）需要提前计算材料用量并进行排布，避免过度切割。

（2）注意选用合适的黄木纹铺装材料，保证圆弧造型完好。

（3）木坐凳为圆弧造型，需要均匀排布木材，保证美观。

图 3-59 设计效果图



（4）景墙与水池结合，应注意做好防水。

施工图如图 3-60 所示。

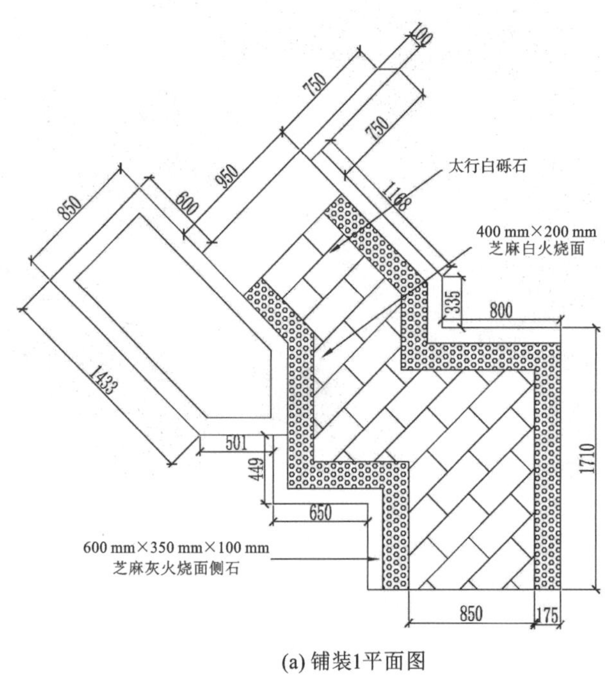


(a) 铺装1平面图

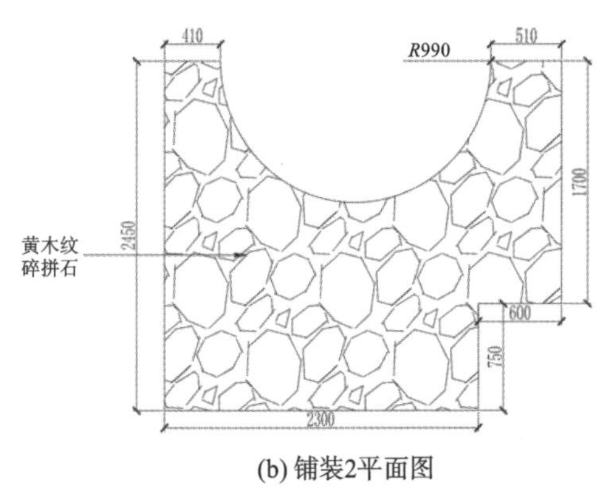


(b) 铺装2平面图

图 3-60 施工图

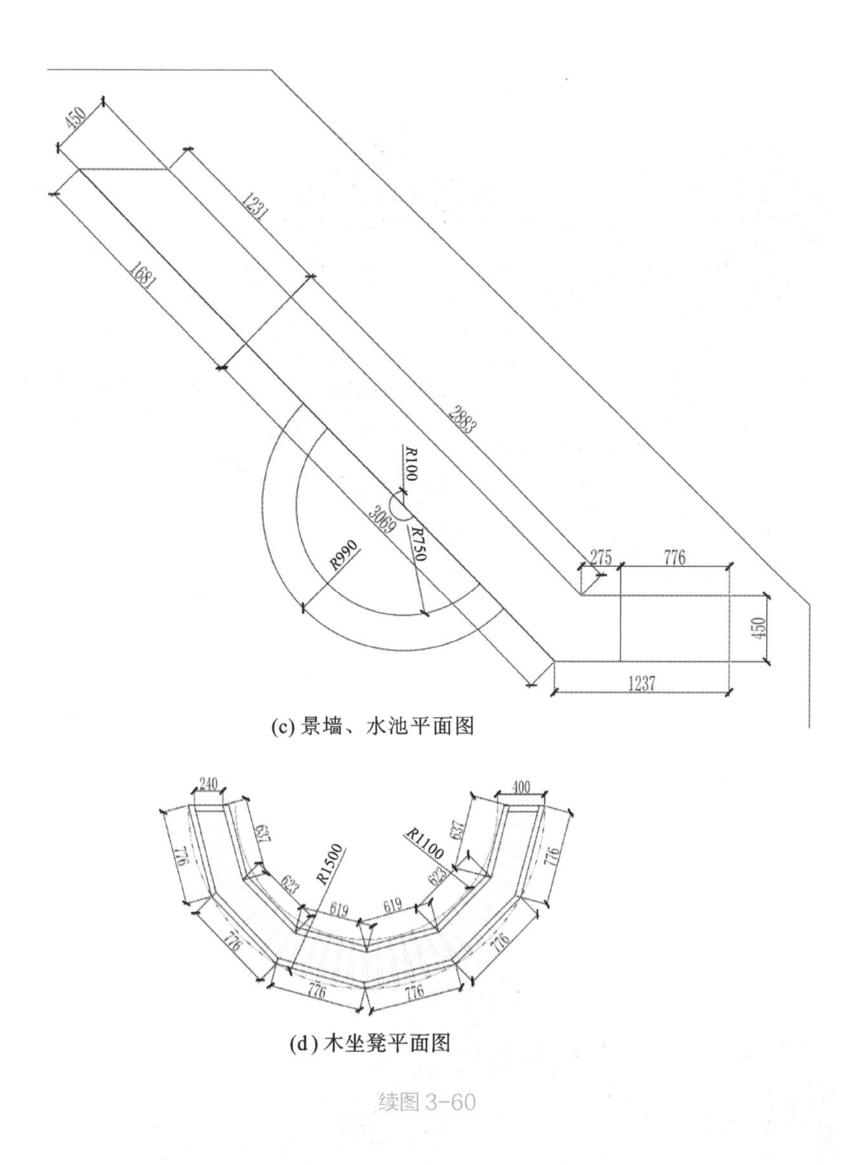


(c) 景墙、水池平面图

(d) 木坐凳平面图

续图 3-60

# 第十二节　《青春主旋律》解析

## 一、景观设计分析

### 1. 设计说明

青春看似简单、重复，实则像一架钢琴，可以弹奏出优美而动听的曲子。方案以“青春主旋律”为设计主题，将青春这种简单却丰富多彩、重复却处处是惊喜的特点融入园林景观设计。方案以灰砖、大理石、防腐木等简单的材料构建出线条简洁、功能丰富、空间灵活的庭院景观，将成都“三分之一平原，三分之一丘陵，三分之一山地”的独特地形完美地表现出来，让成都巨大的高差地形成为大自然赐予成都人民最好的礼物。整个方案中，人们在庭院中或坐、或躺、或走、或观、或戏水、或赏花，体现出成都独特的地形地貌带给庭院景观空间的更多可能性，也为成都庭院景观的建设提供了参考。设计效果图 1 如图 3-61 所示。

图 3-61　设计效果图 1



2. 整体设计分析

方案线条流畅，琴键形铺装与花境相结合，具有韵律感。整体布局大方，结构关系处理得不错，参与感、趣味性都很好。设计效果图 2 见图 3-62。

图 3-62　设计效果图 2

## 二、施工要点分析

（1）铺装材料多样，需要熟悉图纸，避免铺错。

（2）L 形黄木纹板岩石墙要避免出现过多通缝。

铺装布置见图 3-63，黄木纹板岩石墙施工图见图 3-64，黄木纹板岩石凳施工图见图 3-65。

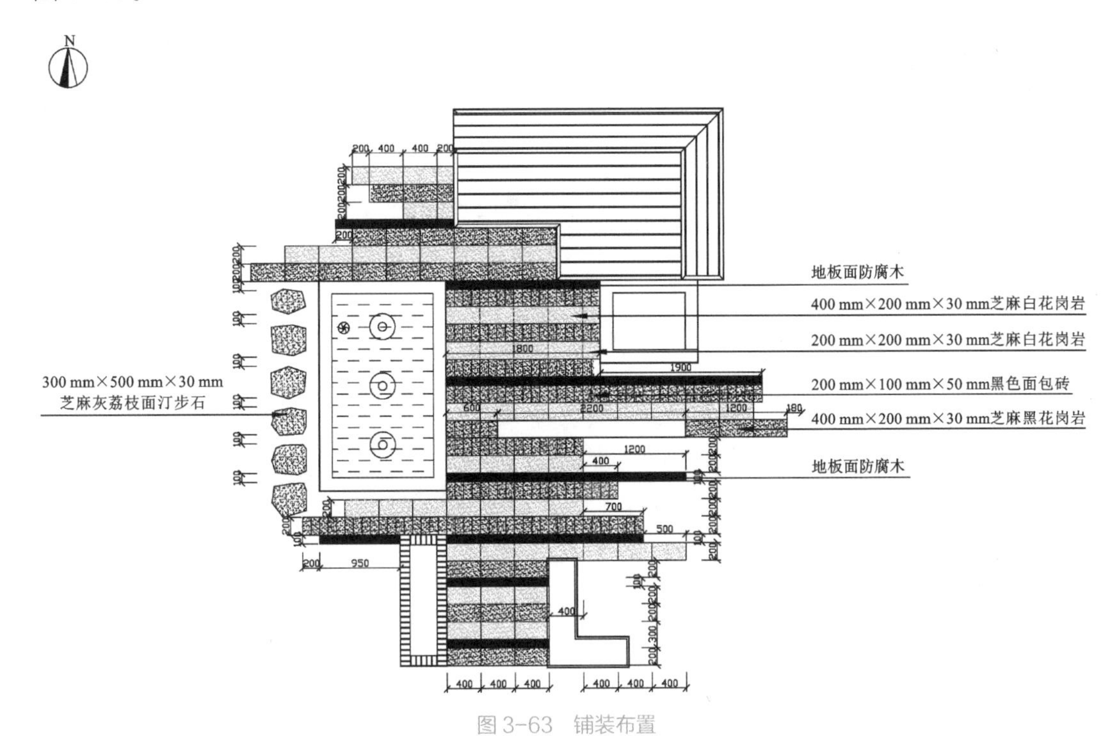


图 3-63　铺装布置

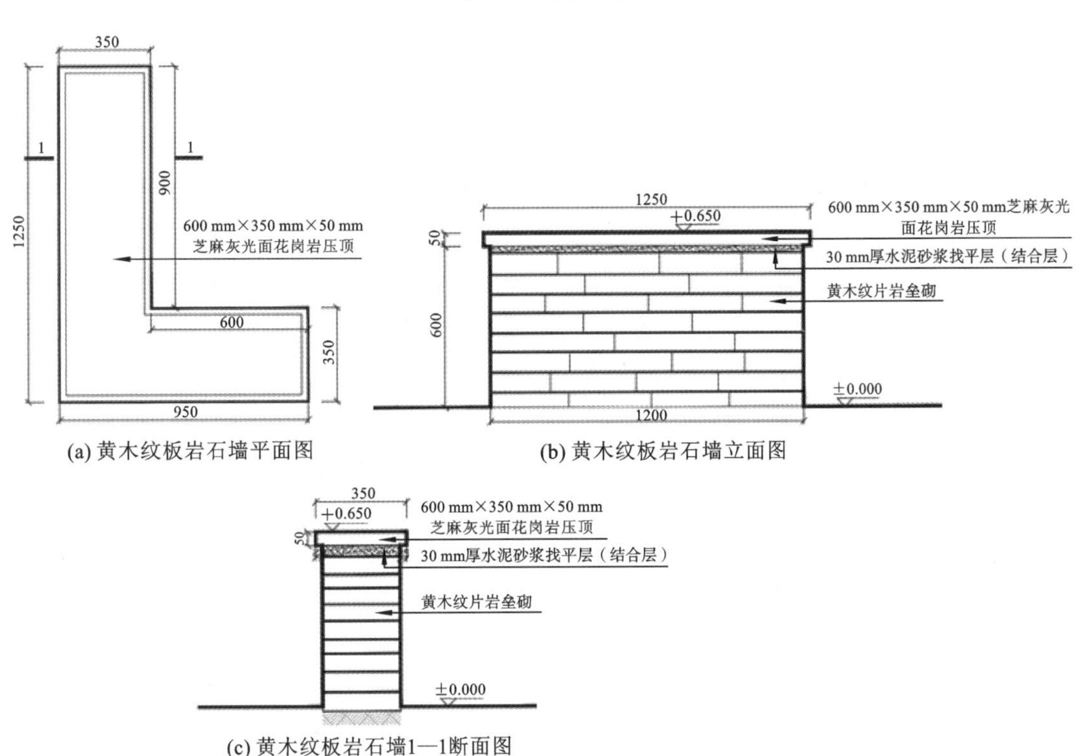


图 3-64　黄木纹板岩石墙施工图

2250
250 mm×250 mm×50 mm芝麻灰光面花岗岩压顶
黄木纹片岩垒砌
25
+0.300
25
30 mm厚水泥砂浆
找平层（结合层）
±0.000
2200

(a) 黄木纹板岩石凳立面图

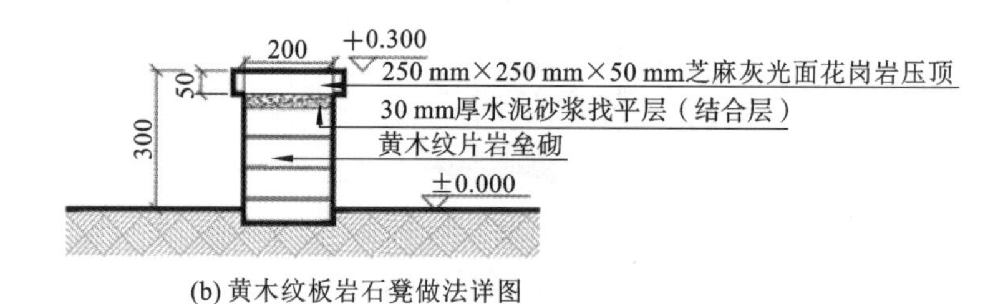


(b) 黄木纹板岩石凳做法详图

图 3-65　黄木纹板岩石凳施工图



## 第十三节　《花重锦城》解析

### 一、景观设计分析

#### 1. 设计说明

方案根据成都的地理文化和特色，结合想象中锦城的春天，形成以成都二环路为基础的八边形构图。墙象征着西岭山，水象征着都江堰，入口放置木屏风，体现成都悠久的历史文化。内部花境采用飘带形式连接两个空间，展现出锦城的繁花似锦。这也是方案名称的来源。在有限的范围内，方案将山水、植物、小品等有机融合，营造流水潺潺的花园意境。水景的动静、园路的曲直、空间的闭合与开敞设计等，使庭院内形成了不同的景观效果。方案根据观赏路线合理布局，结合地形高低错落种植乡土植物，花境色彩艳丽，从视觉上给人带来舒适感。人们能够步移景异，感受私密花园的丰富多样。设计效果图 1 如图 3-66 所示。

景观设计中，丰富的植物配置可以创造出独具特色的意境。

#### 2. 整体设计分析

该方案抓住成都的地理特色和历史文脉特点，合理地呈现以芙蓉和蜀锦为主题的内容，形成较好的景观效果。在景观布局上，该方案能在有限的空间内进行细分，形成主次分明、尺度适宜、变化有序的景观空间。在景观内容上，木屏风、花坛、坐凳、木平台、水景、汀步等通过园路和地被色带有机地组织在一起，尺度适宜，形式多样，内容丰富。在植物配置上，方案合理地配置植物，形成层次分明的自然式群落。植物的尺度与场景结合，植物起伏有序，摇曳多姿。设计效果图 2 见图 3-67。

图 3-66　设计效果图 1

图 3-67　设计效果图 2

## 二、施工要点分析

（1）需要注意木平台尺寸，木平台与景墙连接处避免出现过大缝隙。

（2）注意合理使用材料。

（3）注意水池、墙体标高与设计要求一致。

网格放线总平面图见图 3-68，组合花坛节点平面图见图 3-69，木平台龙骨布置平面图见图 3-70，景墙立面图和节点剖面图见图 3-71。

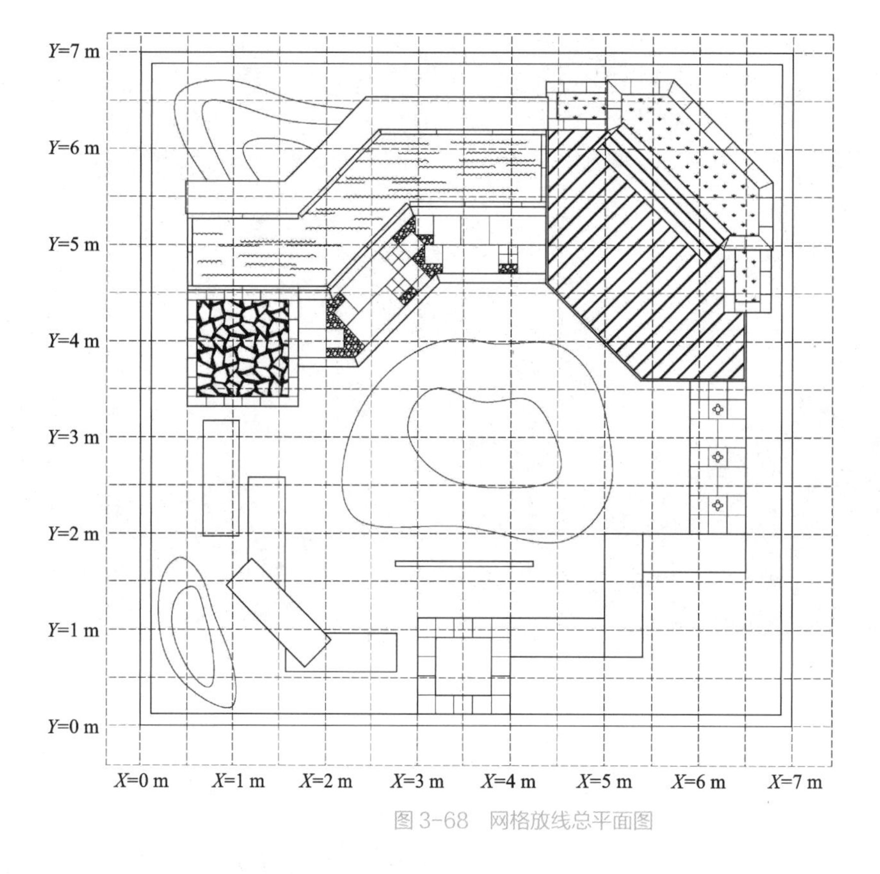


图 3-68　网格放线总平面图

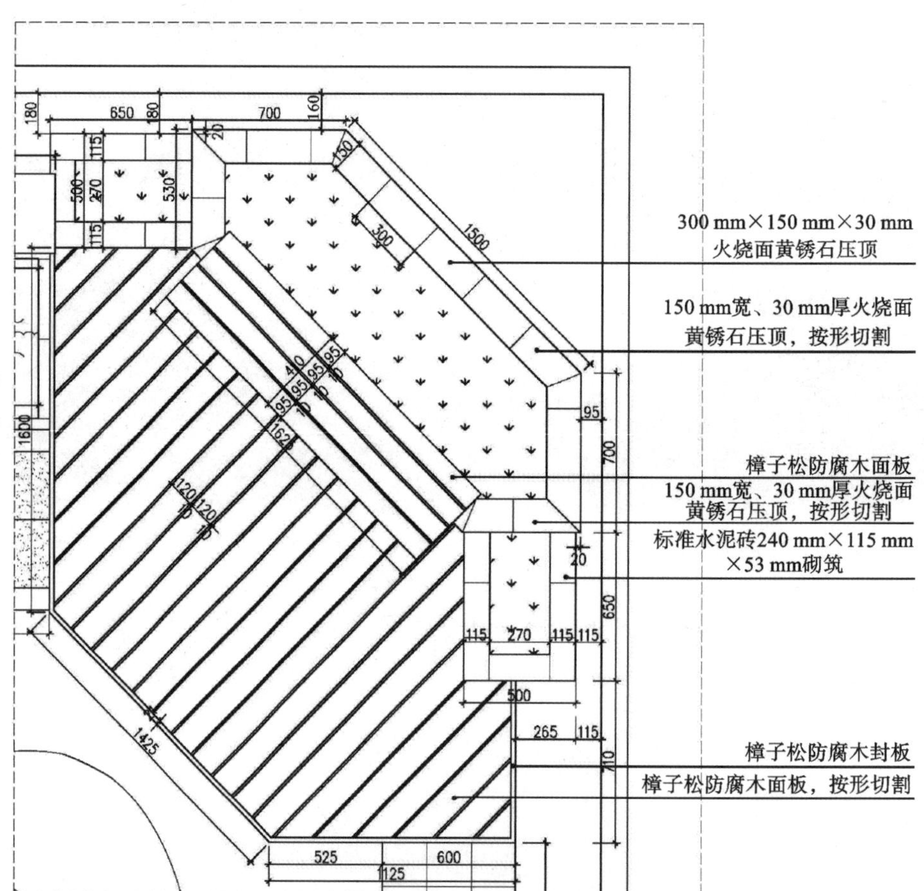


图 3-69　组合花坛节点平面图

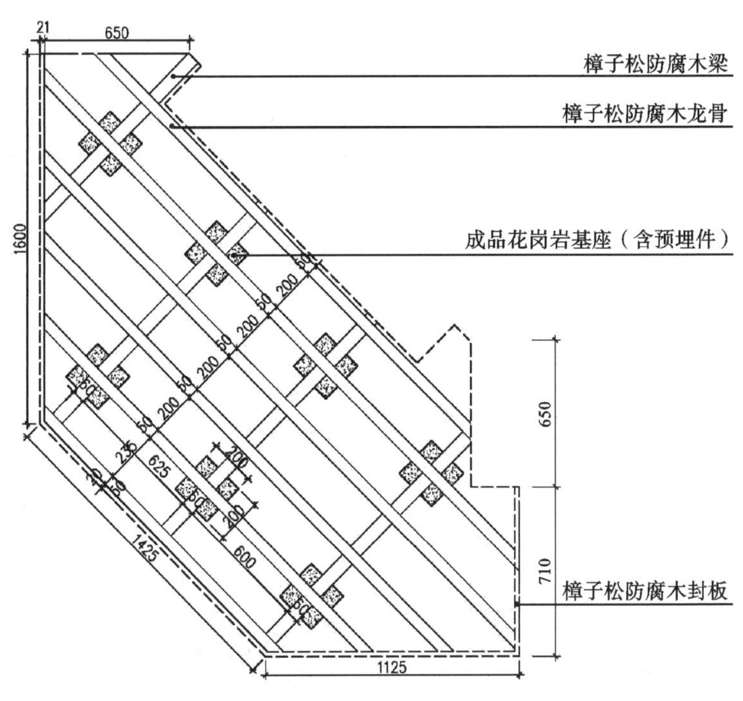


图 3-70 木平台龙骨布置平面图

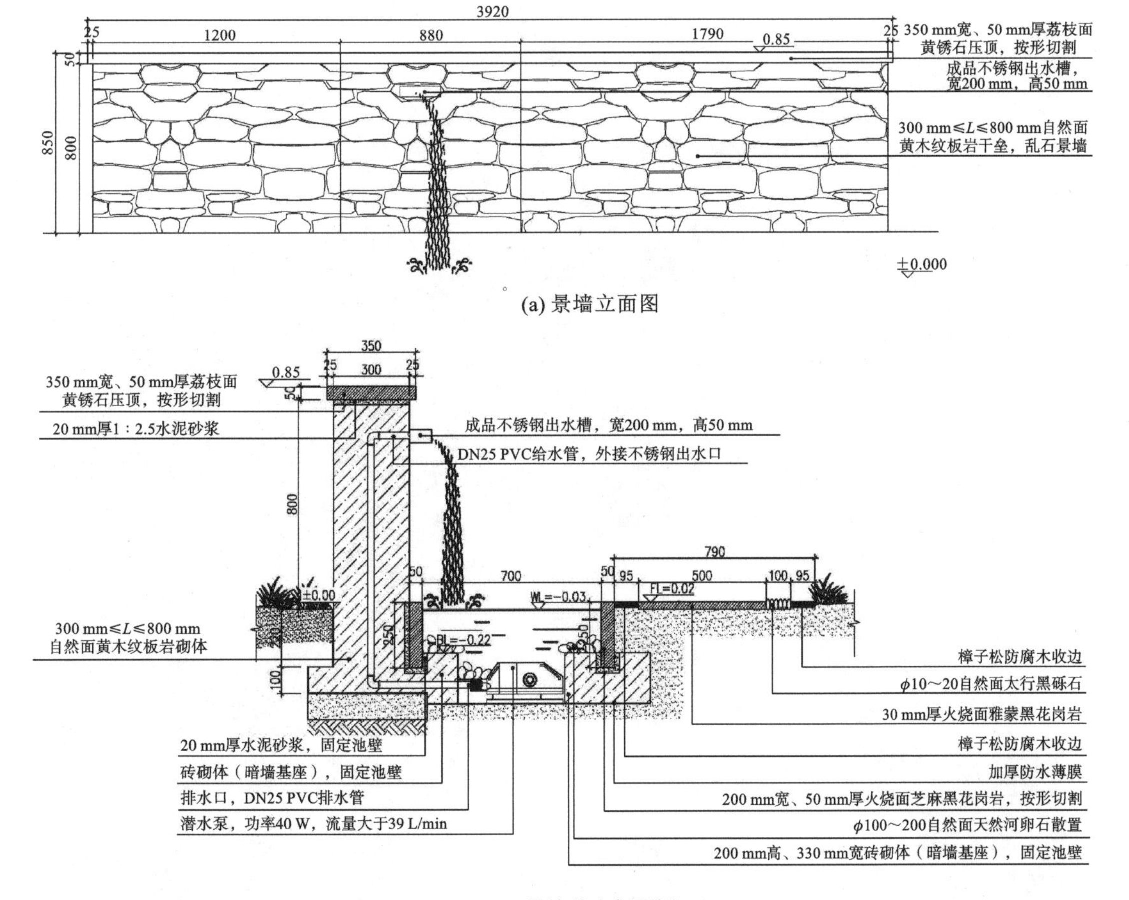


图 3-71 景墙立面图和节点剖面图

## 第十四节　《璞园》解析

人们生活于城市之中，难免感慨秘境难寻，草木稀疏。若有一方庭院，可让人回归平淡生活，岂不乐哉？璞园初极狭，复行一两步，豁然开朗，简单大方，充满现代风格。璞园四周绿植围绕，高低错落，色彩各异。回字形的小路将璞园各结构串联成一个整体。叠水灵动，木平台紧邻叠水。人们可在此静听自然的声音，感受璞园，感受自然，感受成都的慢生活。现代简约的花架搭于木平台上，藤蔓植物攀缘而上，尽情生长，自然而怡人。中间的草坪作为硬质铺装与休闲区的过渡，柔化周围规则边线，呼应四周绿植。边角点缀着充满自然生机的野草和景石，虽由人作，宛自天开。设计效果图见图 3-72。该方案施工要点与前述作品大体一致，在此不再赘述。

图 3-72　设计效果图

# 第四章

# 历届“园林国手杯”景观设计大赛优秀作品解析



## 第一节 《吾竹草堂》解析

### 1. 设计说明

蜀南竹海天下翠。成都的竹海就像无穷的宝库孕育着华夏文明。日出有轻荫，月照有清影，竹子一直被誉为“无声的诗，立体的画”。该作品的设计初衷是以竹为师，以竹为友，利用竹子的林下空间与花境，营造静谧、雅致的空间氛围，增加休息的舒适感。在入口处栽植竹子，将其作为花园空间的起点，利用竹林的形态营造幽静的空间，更加体现东方文化的韵味。设计效果图 1 如图 4-1 所示。

图 4-1　设计效果图 1

2. 整体设计分析

设计结合竹海主题，整体布局层次丰富，但缺少主景。在实际比赛过程中，场地外围无法实现设计方案中的竹海环境，会对实施后的成品展现有一定影响。设计效果图 2 如图 4-2 所示。

图 4-2　设计效果图 2

## 第二节　《印园》解析

### 一、景观设计分析

1. 设计说明

方案从老成都印象中得到设计灵感，并在其基础上加以现代化设计手法。入口处的设计灵感来自成都景点宽窄巷子，使人们感受到老成都的特殊情怀。鸟瞰图如图4-3所示。

图4-3 鸟瞰图



2. 整体设计分析

空间构图较好。构思与立意相互结合，动线、功能、成景效果都有考虑，图纸表现力较强。该方案虽然实现难度颇高，但成品效果会很好。设计效果图如图4-4所示。

图4-4 设计效果图

## 二、施工要点分析

整体方案标高差异较大，施工时需要注意不同点位的竖向标高是否正确。施工图见图 4-5。

施工图点评：竖向设计标高符号不对。

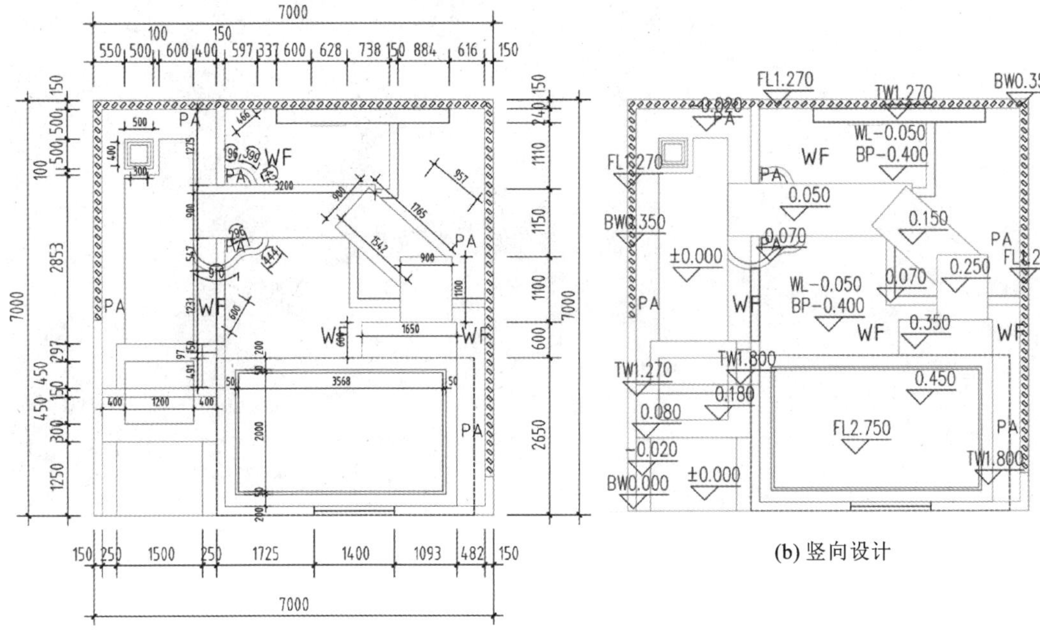

(a) 尺寸设计

(b) 竖向设计

图 4-5　施工图

# 第三节　《“W”花园》解析

## 一、景观设计分析

### 1. 设计说明

老子曰：“人法地，地法天，天法道，道法自然。”能做到“虽由人作，宛自天开”是许多造园人的追求。本方案在构成关系上用蜿蜒的园路和自然石板桥将场地一分为二。该园路和石板桥象征着成都的府南河。这种构图寓意着太极的阴阳平衡。旱溪穿插其中，代表你中有我、我中有你的东方哲学思想。设计效果图 1 如图 4-6 所示。

### 2. 整体设计分析

本方案摒弃了传统配色，选择用白色点缀大面积绿地。白色是光谱中所有颜色的集合，寓意世界的五彩斑斓最终化为纯净的白色。旱溪中心有一处宛如孤舟的苔藓微景观。庭院采用“道法自然”的理念，W 形布局打破了空间方正的形式，呈现自然的效果。休息区设置于庭院一角，有“偏一隅而观天下之势”之意，实施性也很好。设计效果图 2 如图 4-7 所示。

图 4–6 设计效果图 1

图 4–7 设计效果图 2

## 二、施工要点分析

方案主旨是打造自然形态，施工时需要注意。

景观设计见图 4-8。尺寸平面图见图 4-9，铺装布置见图 4-10。

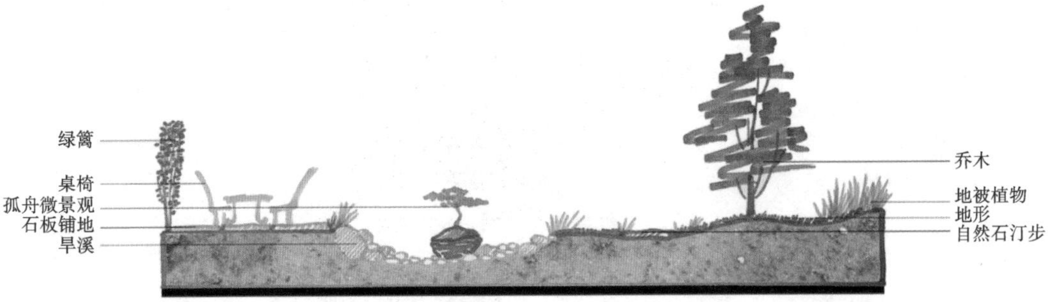

绿篱
桌椅
孤舟微景观
石板铺地
旱溪
乔木
地被植物
地形
自然石汀步

图 4-8　景观设计



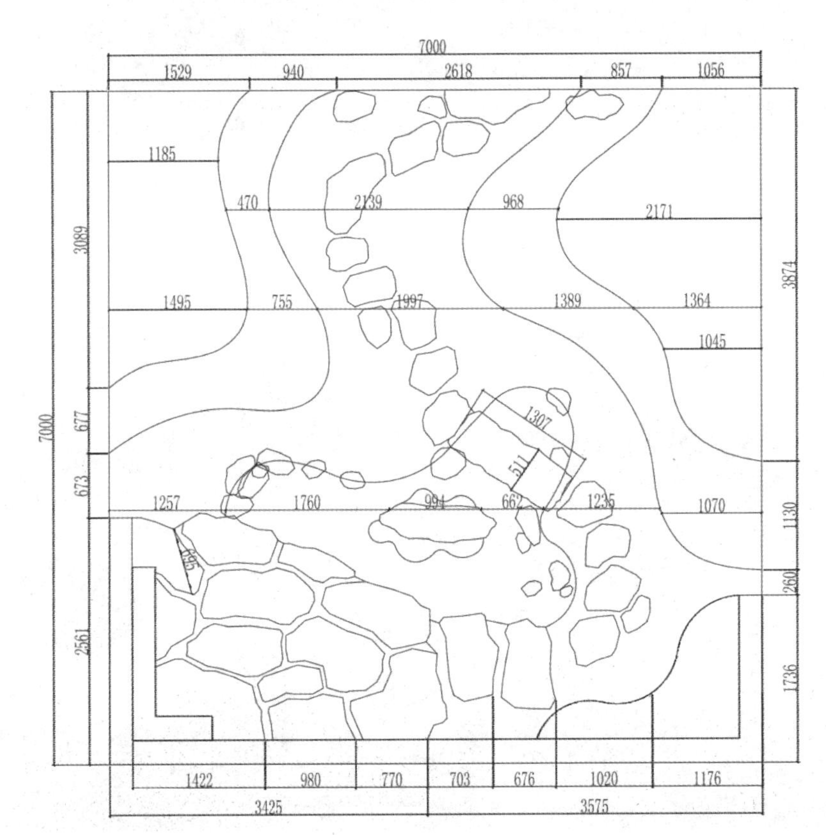


图 4-9　尺寸平面图

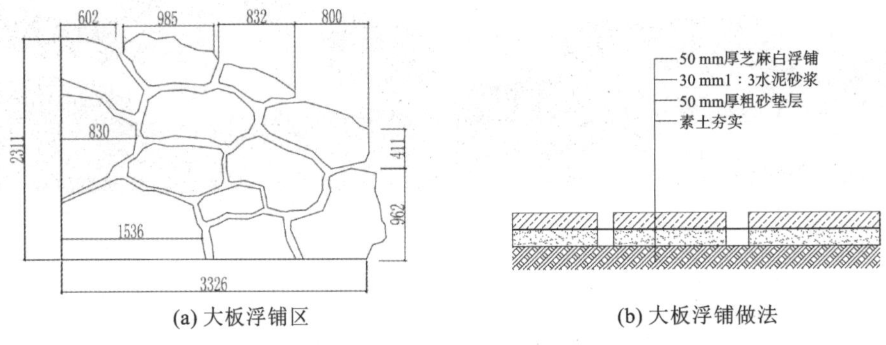


(a) 大板浮铺区　　(b) 大板浮铺做法

图 4-10　铺装布置

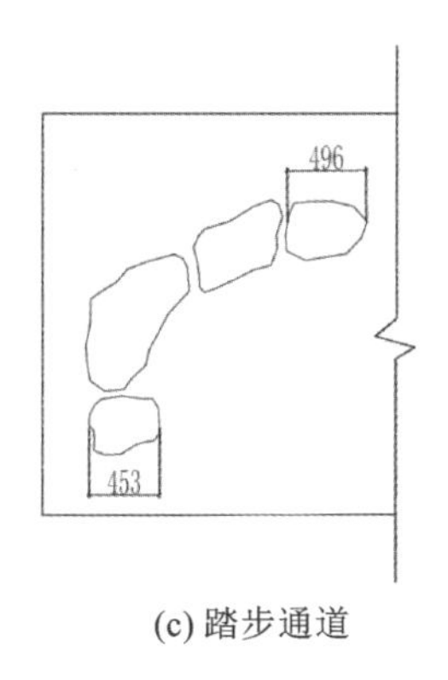


(c) 踏步通道

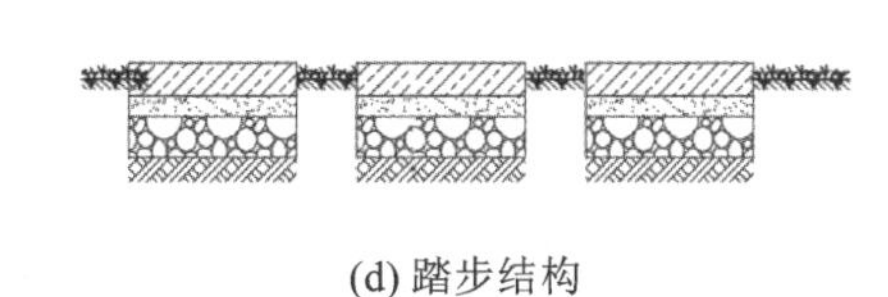

(d) 踏步结构

续图 4-10



## 第四节　《水光鲁韵，七米方塘》解析

### 1. 设计说明

空间不是一种静止的存在，要把它看作一种生动的力量。该方案打破传统的空间壁垒，以弯曲的园路、明暗交替的色调使空间在行走中延续，在延续中变化，在变化中融合。变化的地形为每位进入的观赏者带来独特的触觉体验、视觉体验和文化体验。设计师在利用现有活动场所的同时，延续山水脉络，以此实现真正的文化共融，创造一个地域性的景观空间。平面图见图 4-11。

图 4-11　平面图

2. 整体设计分析

该方案结构清晰，表现力强，场地与主题结合紧密，很好地表达了设计理念。该方案融合了齐鲁大地的地域文化特色，不仅在审美上有突破，在骨架上更有文化内涵支撑。方案中有山、水、石、桥、景墙，内容丰富，搭配巧妙，创造出了独具鲁韵的“七米方塘”。设计效果图见图 4-12。

图 4-12 设计效果图



## 第五节 《芳香花园》解析

### 一、景观设计分析

1. 设计说明

方案的风格为现代风格，以梯台、层次多样的花池与下沉式的休息区为特色，设计采用包豪斯设计的艺术表达方式，以块状的方式进行组合，形成半开放式的围合空间。在植物空间营造上，方案以芳香植物为特色，运用多彩多样的时令花卉进行组合，形成围合空间。方案整体营造了小气候的花卉秘境空间，人们可以在这里享受芬芳多彩的花卉与自然的流水景观，可以在下沉式的休息区喝茶、看书、乘凉。设计效果图 1 见图 4-13。

2. 整体设计分析

方案旨在营造“花好月圆”的意境，打造和谐、圆满的空间。方案借环线园路明确空间动线，串联具有松、紧、放不同特色的三个空间，借花香合理搭配三个空间的植物。

设计效果图 2 见图 4-14。

图 4-13　设计效果图 1

图 4-14　设计效果图 2

## 二、施工要点分析

该方案铺装、砌筑工程量较大，需要注意材料的使用和工期的把控。

施工图见图 4-15。

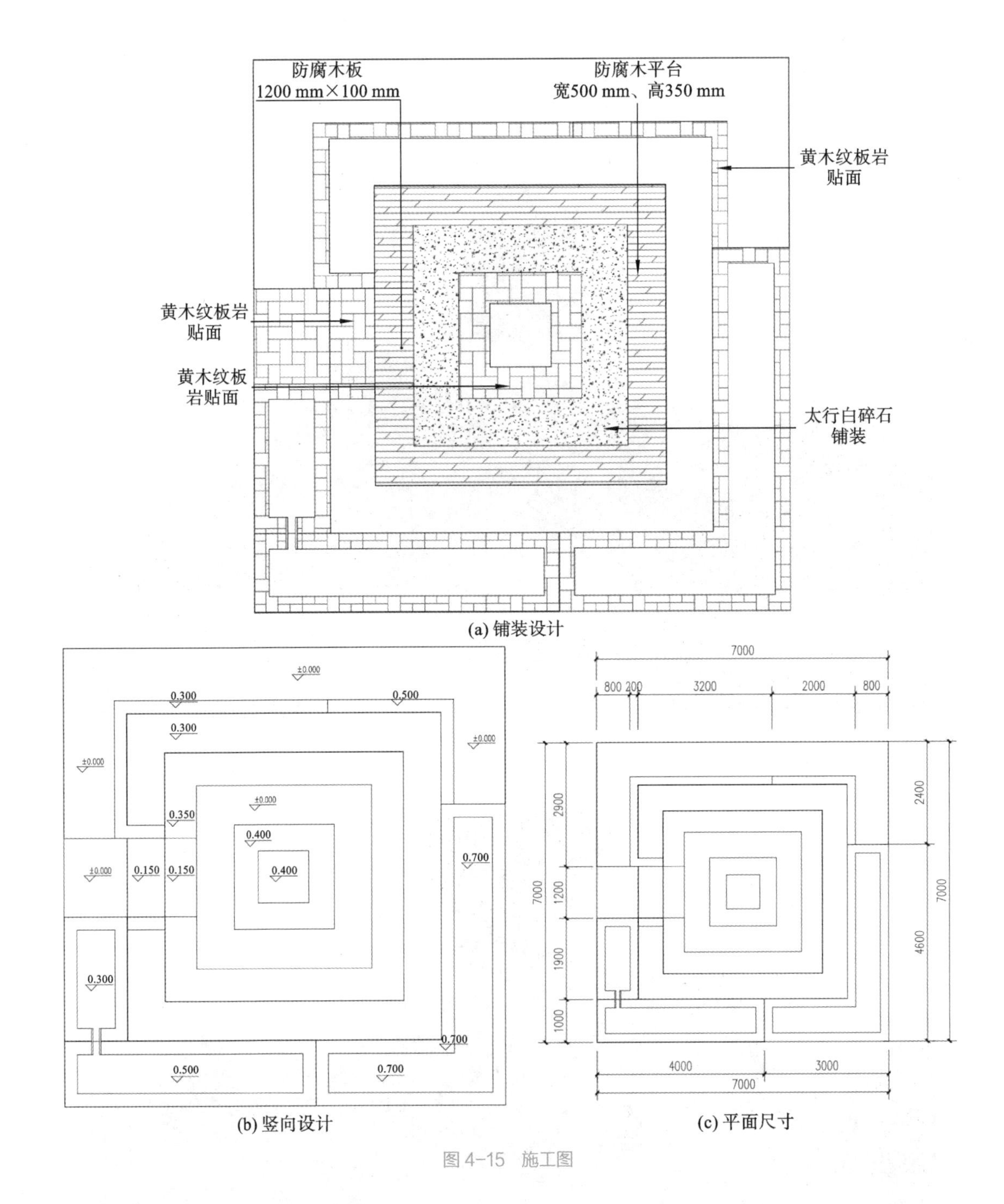

(a) 铺装设计

(b) 竖向设计

(c) 平面尺寸

图 4-15 施工图



# 第六节 《阅庐小筑》解析

## 一、景观设计分析

### 1. 设计说明

方案融入山水、宽窄巷子、草堂等元素来呈现成都的味道。“阅庐”从字面上理解就是读书的草庐。庭院内树木茂密，玉带曲桥纵跨水面。此地有崇山峻岭，又有清流急湍，庭院景观与自然环境相呼应。设计效果图 1 见图 4-16。

图 4-16 设计效果图 1



2. 整体设计分析

方案以竹为背景，运用水墨色彩来表现。水墨烟雾朦胧、欲现还羞的感觉符合成都的城市性格。花卉、彩叶植物使空间层次丰富。杨柳依水飘动，随季节更替色彩。墙边的绿竹随风摇曳，营造了“一两三枝竹竿，四五六片竹叶。自然淡淡疏疏，何必重重叠叠”的意境。设计效果图 2 见图 4-17。

图 4-17 设计效果图 2

## 二、施工要点分析

该方案空间装饰较多，需要注意施工顺序及成品保护。施工图见图 4-18。

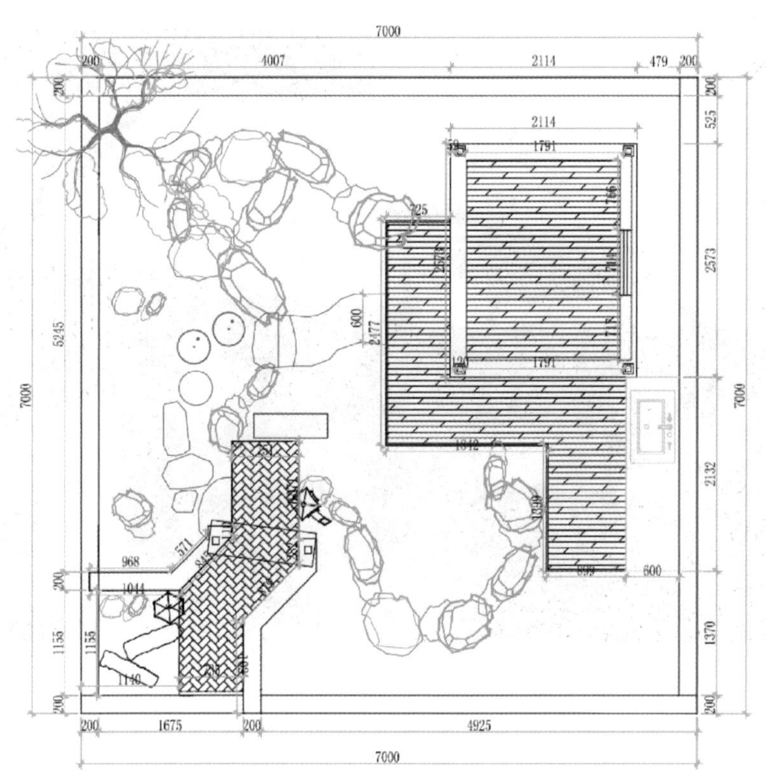

(a) 总平面尺寸

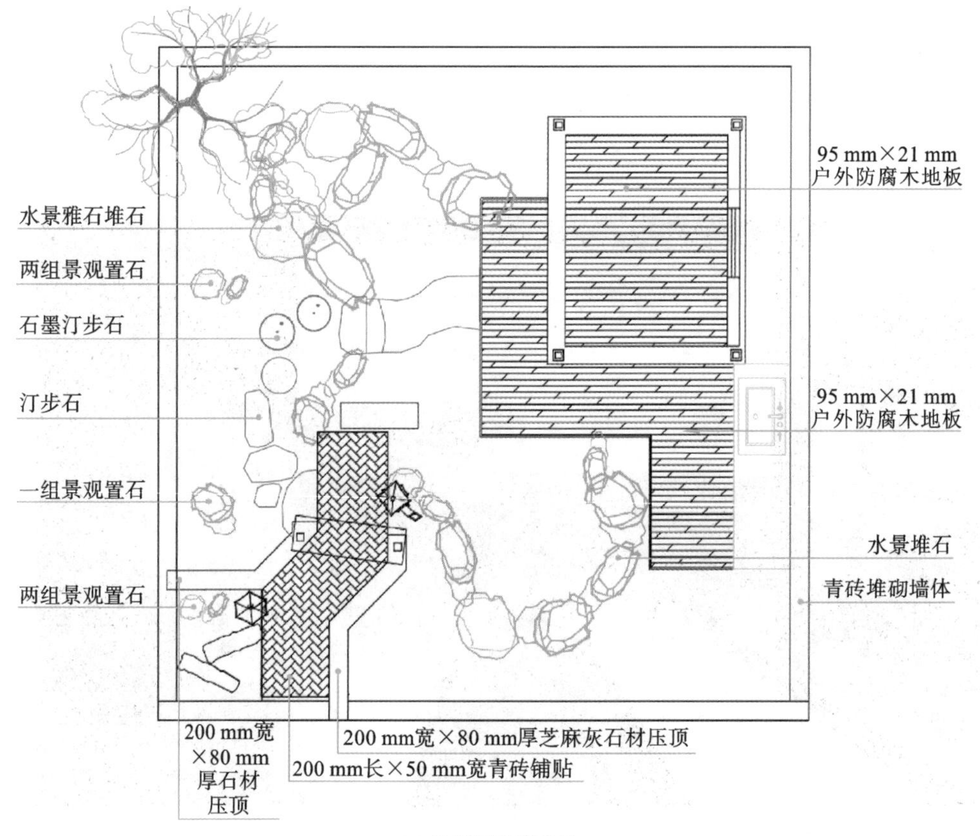

(b) 总平面材质铺装

图 4-18　施工图

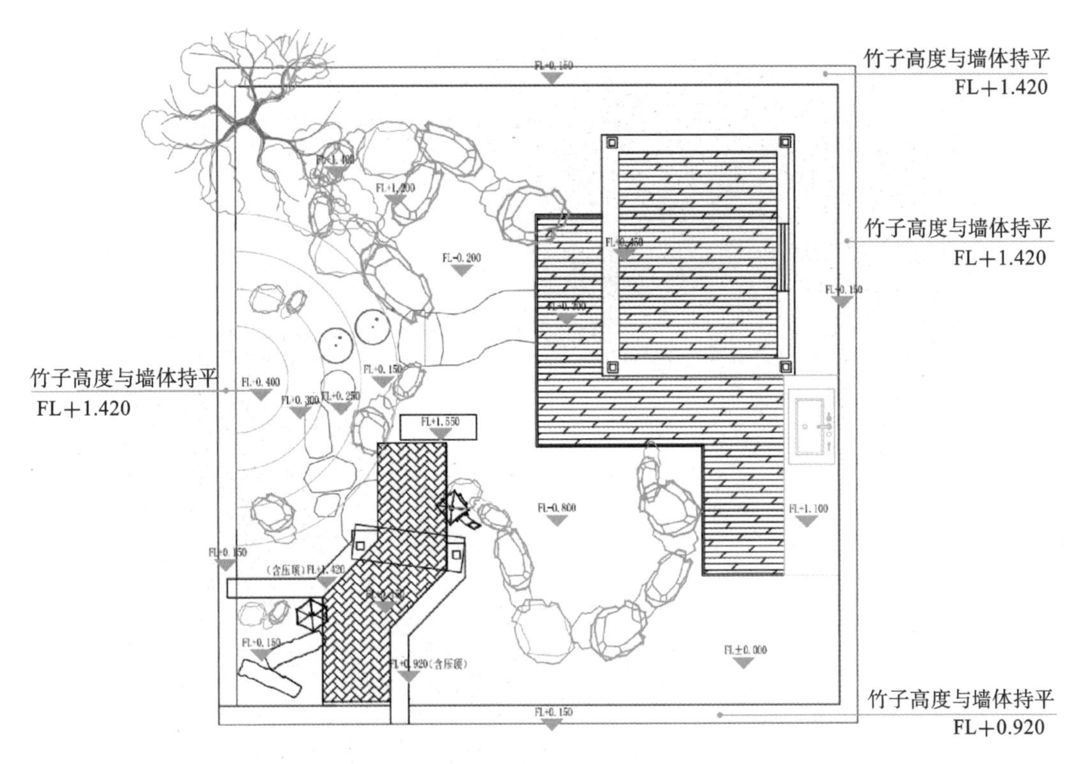


(c) 总平面竖向标柱

续图 4-18



## 第七节　《寻一方庭院，守一束繁花》解析

1. 设计说明

“寻一方庭院，守一束繁花”，寻的是清净之地，守的是闲适之心。慢慢走上台阶，站在入口处，听着潺潺的水流声，看着落英缤纷，走过木桥，不禁好奇景墙之后有哪些令人留恋之处。穿过景墙，视野渐渐明朗起来，脚下的火山岩铺装蕴含着海绵城市的生态理念。周围植物疏影暗香，令人豁然开朗。总平面图见图 4-19。

2. 整体设计分析

该方案立意新颖，主题明确，设计风格独特，感染力强。设计者能够抓住场地特征对空间进行合理布局，巧妙地运用了水、植物、铺装和小品等景观设计要素。该方案乔、灌、草配置合理，注重植物的季相效果。该方案在注重立意和表现形式的同时也具有很强的可实施性。设计效果图见图 4-20。

图 4-19　总平面图

图 4-20　设计效果图

# 第八节 《秋日私语》解析

## 一、景观设计分析

### 1. 设计说明

方案使用的元素均与音乐有关。地面的铺装造型由琴键演变而来，音乐仿佛从脚下缓缓而生。涌泉从吧台的立面而下，发出叮叮咚咚的声音，温润美妙，有"大珠小珠落玉盘"的既视感。休闲平台形似一架钢琴。设计效果图 1 见图 4-21。

图 4-21 设计效果图 1

### 2. 整体设计分析

方案立意美好。如果把廊架设计与整体设计相融合，会更有味道。空间形态具有生动的场景感。设计效果图 2 见图 4-22。

### 3. 结构分析

方案的细节到位，空间及交通布局合理，充满层次感和趣味性。材料及植物的选择都不错，兼具功能性和观赏性。不过作为限时施工比赛的图纸，存在施工量过大、选手无法按时完赛的问题。

## 二、施工要点分析

（1）铺装材料较多，应选择合适的施工工艺按施工要求施工。

（2）跌水水景使用成品预制件，安装时应注意对基础进行防水保护。

图 4-22　设计效果图 2

植物布置图如图 4-23 所示，防腐木拱形花架详图如图 4-24 所示。

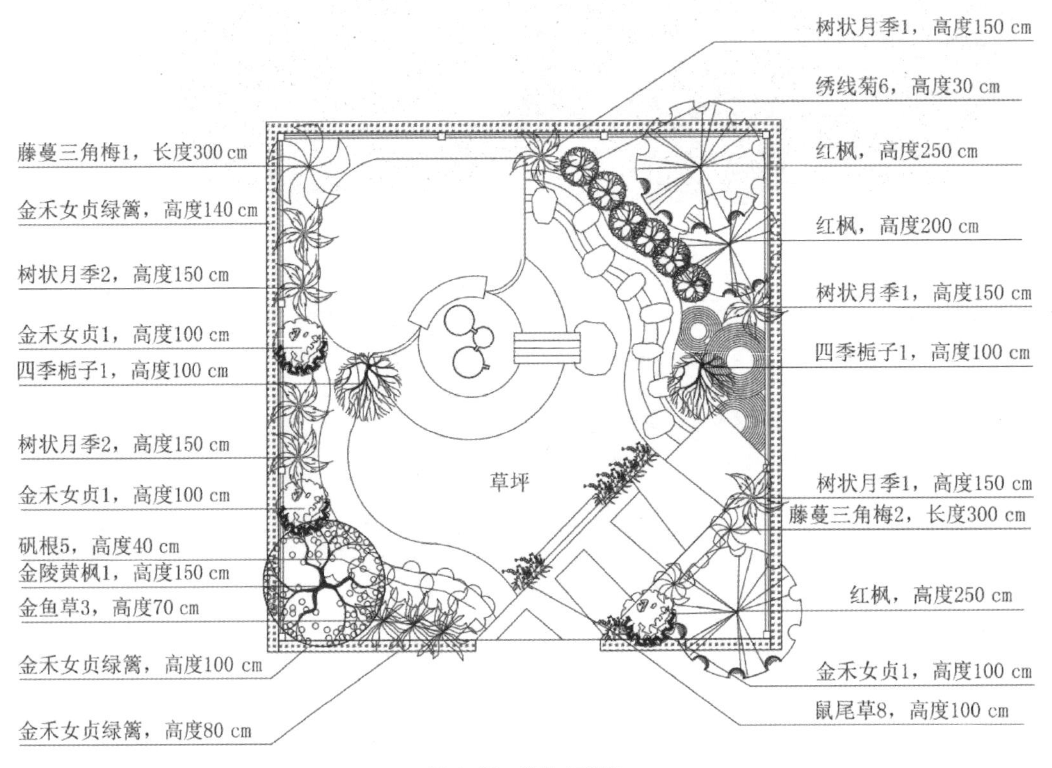


图 4-23　植物布置图

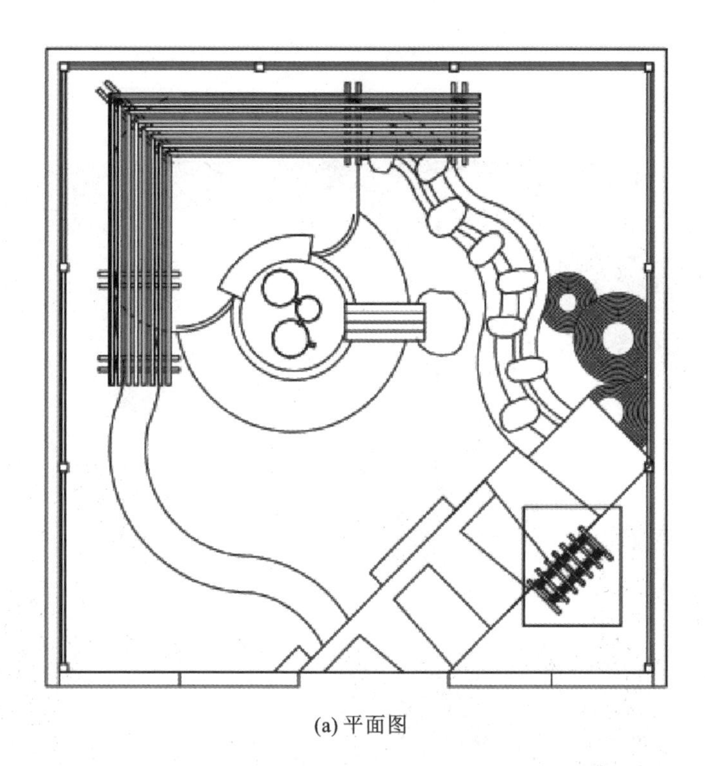

(a) 平面图

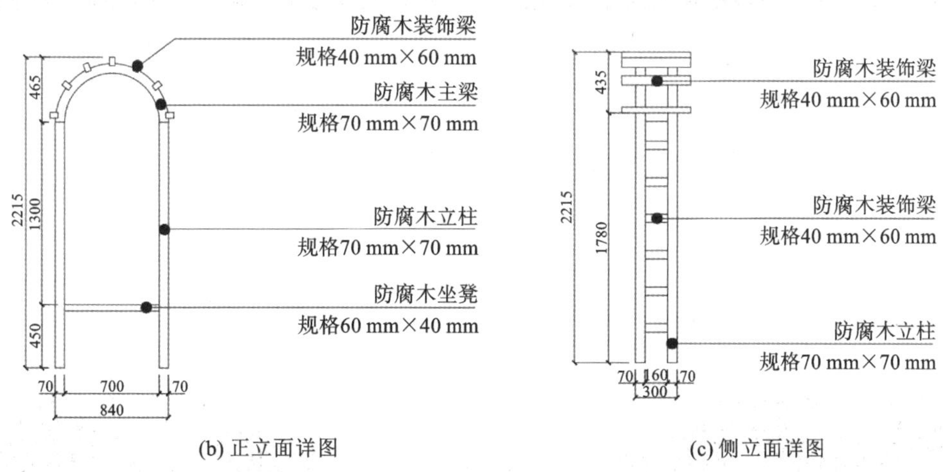


(b) 正立面详图

(c) 侧立面详图

图 4-24 防腐木拱形花架详图



## 第九节 《时光秘影》解析

### 一、景观设计分析

#### 1. 设计说明

该方案以时光为设计主题，借用象棋和键盘两个具有年代代表性的物品来表现时代的更迭。象棋为古代较为流行的棋艺活动，键盘是现代最常用的输入设备。方案运用象棋和键盘这两种元素来构成主要景观，将棋盘和键盘、古代和现代完美融合。在阳光的照射下，镂空式景墙将斑驳的光影呈现在“楚河”中，使人感叹岁月如梭，亦可给人一种在新时代和旧时代中交替穿梭的感觉。方案采取“迷宫”的形式，使用景墙、屏风、坐凳、树池等硬质景观来围合空间，营造出私密的氛围。总平面图见图 4-25。

图 4-25 总平面图



2. 整体设计分析

方案将历史悠久的棋盘和当今使用的键盘结合，营造出有岁月痕迹的庭院景观，理念新颖，特色突出。植物群落与硬质小品交相辉映，形成精致的景观空间。迷宫式水景布局增强了亲水趣味性，但地面铺装稍显单调，地形高差缺乏变化。合理运用材料、优化细节将更利于展现方案主题。设计效果图见图 4-26。

图 4-26 设计效果图

## 二、施工要点分析

### 1. 砌筑工程注意事项

（1）树池。

①在回填土时需要注意树池的受力情况。

②保证灰缝均匀。

总平面尺寸设计见图 4-27，树池 1 立面图见图 4-28。

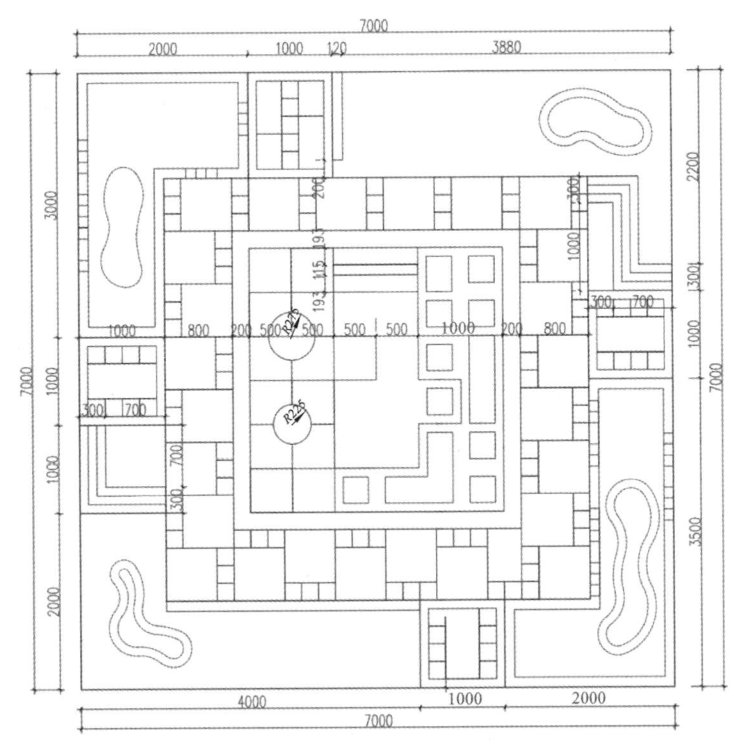


图 4-27　总平面尺寸设计

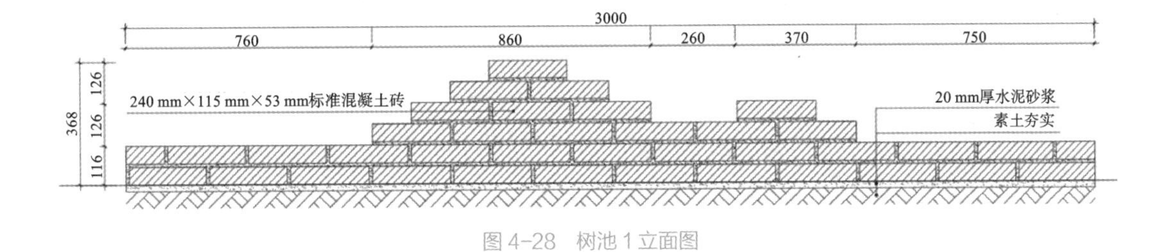


图 4-28　树池 1 立面图

（2）景墙。

景墙排砖要求较高，应注意其准确性。景墙施工图见图 4-29。

### 2. 木作工程注意事项

（1）木屏风造型较为复杂，需要注意木屏风构件的排列方式及尺寸要求。

（2）木屏风构件连接部位最好做倒角，用榫卯结构最好。

（3）注意木立柱与预埋件的结合方式。

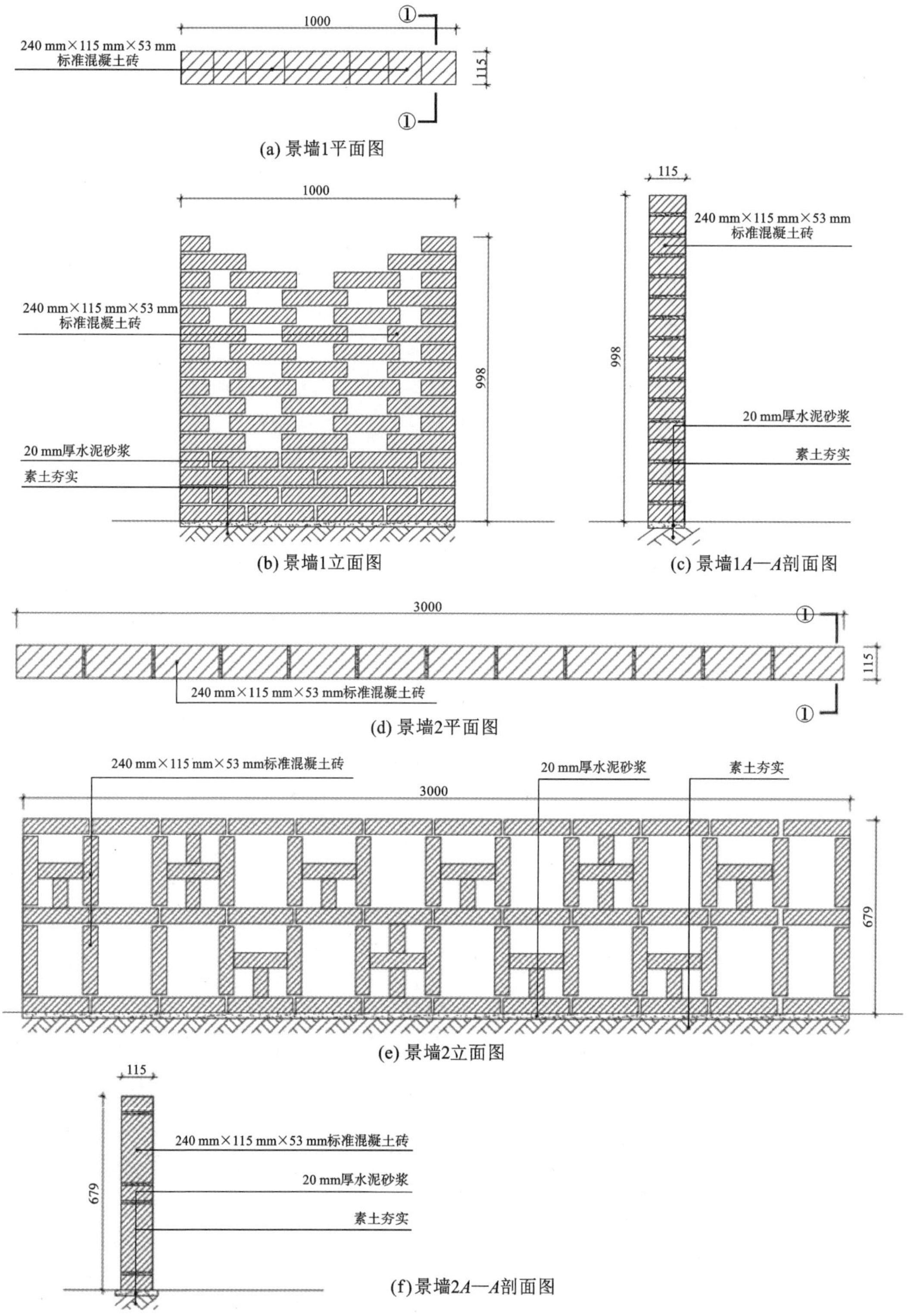

(a) 景墙1平面图

(b) 景墙1立面图

(c) 景墙1*A*—*A*剖面图

(d) 景墙2平面图

(e) 景墙2立面图

(f) 景墙2*A*—*A*剖面图

图 4-29　景墙施工图

木屏风施工图如图 4-30 所示。

3. 水景工程注意事项

（1）砌砖时应注意保护防水膜，以防漏水。

（2）底部卵石铺设时应完全覆盖防水膜。

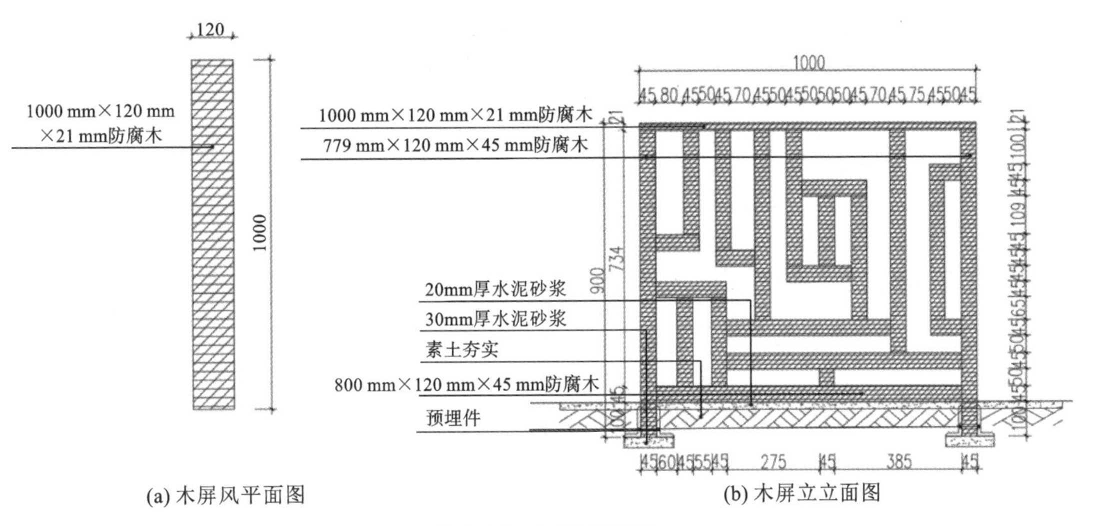


图 4-30　木屏风施工图



4. 种植工程注意事项

（1）选择植物时应注意空间感，保证高差层次合理，疏密有致。

（2）要有意识地调整灌木规格，保证不同组合间的变化。

（3）铺设草坪时不要叠压，边缘应整齐。

绿化总图见图 4-31。

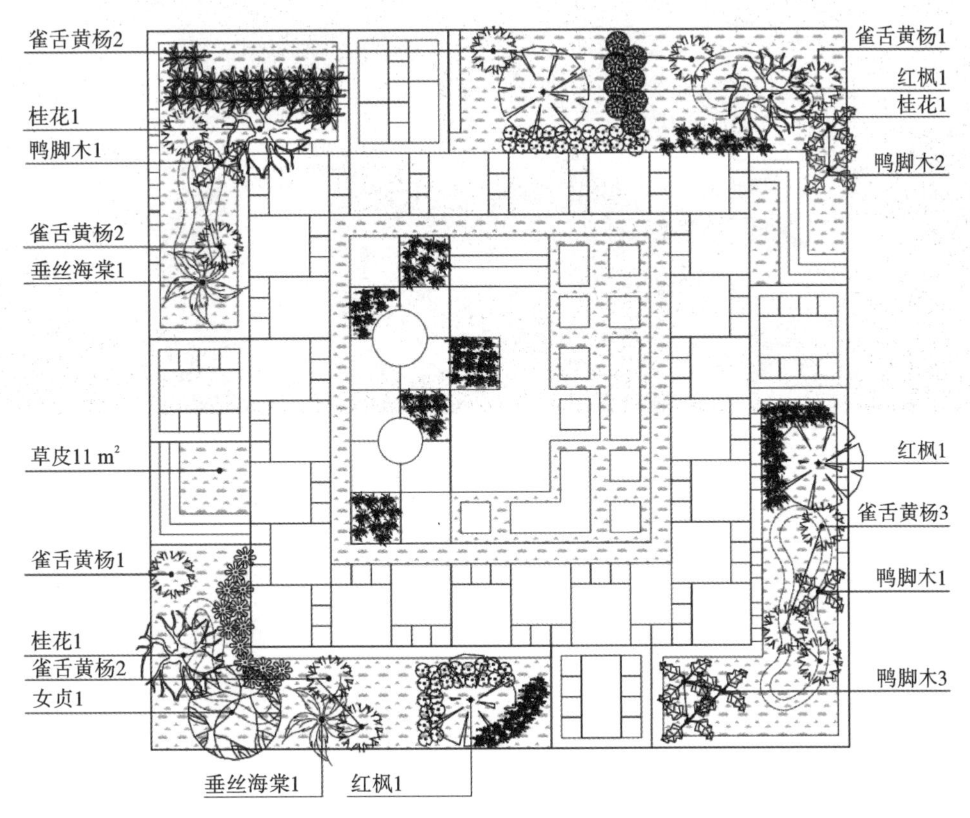


图 4-31　绿化总图

# 第十节 《白云深处》解析

## 一、景观设计分析

### 1. 设计说明

不同规格的矩形组成现有的花园形态。方案通过高差处理，增强庭院的趣味性。规则式布局与自然式布局相结合，增强庭院的灵活性。方案主要有观景处和休息处两处节点。观景处有刚好没过雨花石的水流，有矮矮的景墙。随处放置的景石更添加了随性之美。休息处前有观赏平台，后有立柱，右有花池，左边邻近景墙，搭配种植高大的植物，呈围合之势，给人安全感。方案名称源于“白云深处有人家”这句诗，寓意庭院藏于深处，隐约可见。本方案具有私密性、安全性及设计感，是人们理想的“秘密花园”。设计效果图 1 如图 4-32 所示。

图 4-32 设计效果图 1

### 2. 整体设计分析

方案层次丰富，具有故事性和趣味性，成品效果和图纸表现力都不错。设计效果图 2 如图 4-33 所示。

## 二、施工要点分析

### 1. 砌筑工程注意事项

干垒景墙砌筑过程中注意要层次清晰，垒好一层要对水平面进行测量，保证砌筑平整。做好石块的错缝处理，避免上下通缝，保证墙体立面的美观性和实用性。水池砌筑时需要注意砖块缝隙均匀。

图 4-33 设计效果图 2

花池详图和剖面图见图 4-34。

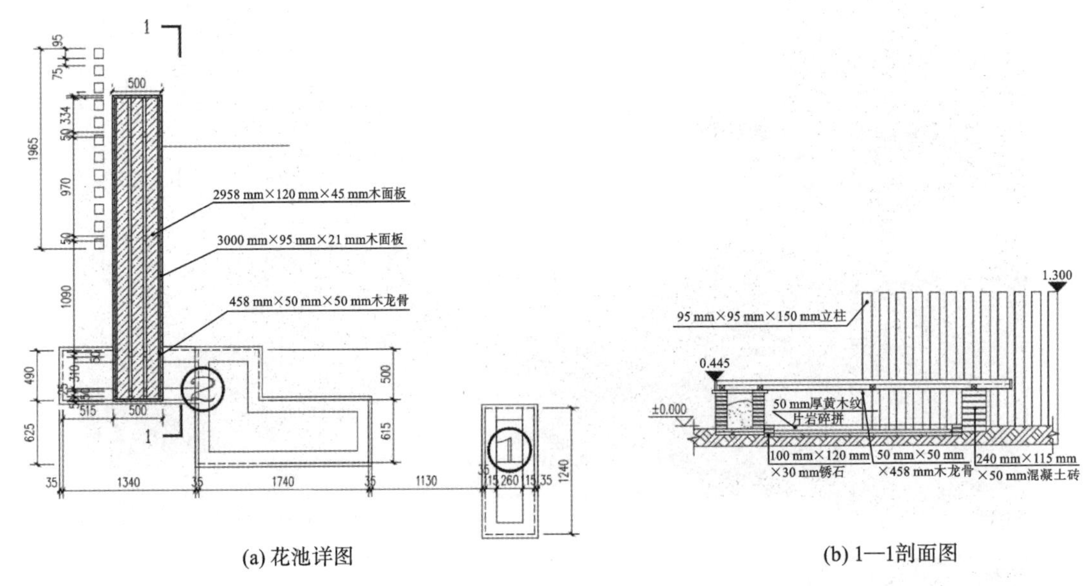

(a) 花池详图　　(b) 1—1剖面图

图 4-34　花池详图和剖面图

2. 铺装工程注意事项

（1）需要注意中心铺装的排砖图案。

（2）注意不同铺装衔接处的标高。

（3）铺踏步条石时需要注意边线对齐。

中心铺装详图见图 4-35。

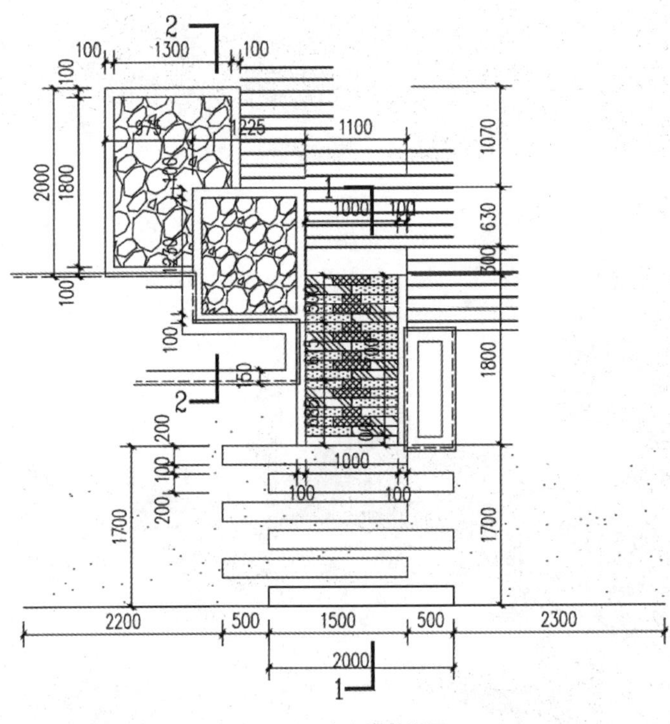

图 4-35　中心铺装详图

3. 木作工程及水景工程注意事项

（1）木面板坐凳较长，需要注意龙骨的承载力及稳定性，必要时加装龙骨。

（2）木平台接近水池，需要注意预留防水膜埋设位置。

（3）置石景观需要挑选合适的石材，避免影响木平台成品效果。

木平台及水池施工图见图 4-36。

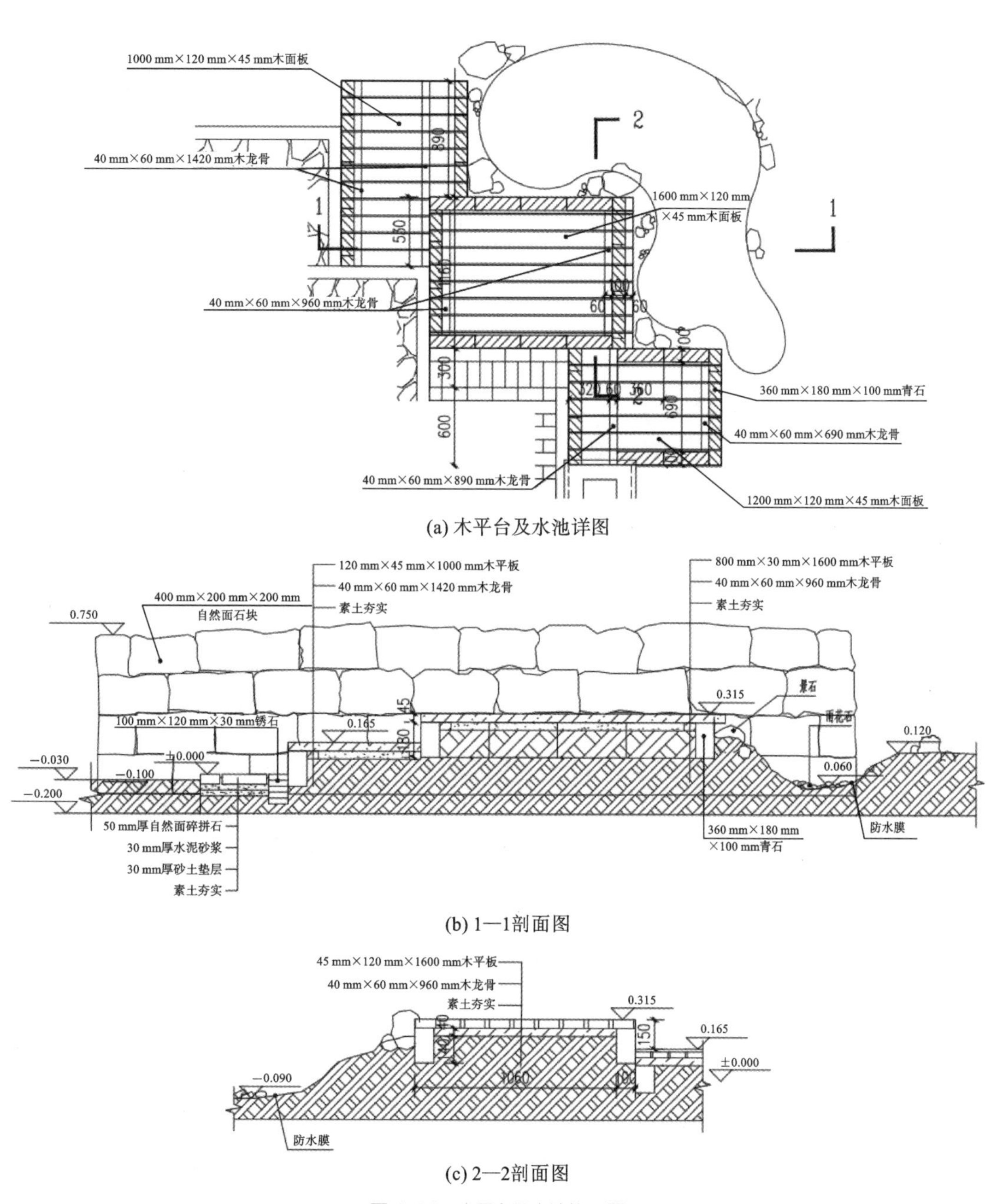


(a) 木平台及水池详图

(b) 1—1剖面图

(c) 2—2剖面图

图 4-36　木平台及水池施工图

4. 种植工程注意事项

（1）植物景观应结合微地形进行营造，加强植物竖向空间的层次感，植物应错落配置。

（2）要多选用乡土树种和适应性强的植物品种。

（3）植物组合应注意不同植物品种的生长习性。

（4）草坪铺设时不要叠压。

种植平面图见图 4-37。

图 4-37　种植平面图